Analytische Geometrie

Stochastik

1

DER BEGRIFF DER FUNKTION

Begriffe und Schreibweisen

Zentrale Kenntnisse

- Unter einer **Funktion** versteht man eine Vorschrift, die jeder reellen Zahl aus einer Zahlenmenge D *genau eine* reelle Zahl zuordnet. Funktionen werden mit Buchstaben f; g; B; ... bezeichnet.
- Die **Definitionsmenge D_f** einer Funktion f ist die Menge aller *zulässigen* x-Werte, auf die die Funktion f angewendet werden soll.
- Der **Funktionswert f(x)** (sprich: „f von x") bezeichnet diejenige Zahl y, die der Zahl x *zugeordnet* wird.
  Man beschreibt die Zuordnung mit $\mathbf{f: x \mapsto f(x)}$ oder $\mathbf{f: x \mapsto y = f(x)}$.
- Der **Funktionsterm** gibt an, wie der Funktionswert f(x) berechnet werden soll. Beispielsweise ist in der Gleichung $f(x) = x^2$ der Term „x^2" der Funktionsterm von f.
- Den zu einer Zahl $x = c$ zugehörigen **Funktionswert f(c)** berechnet man, indem man im Funktionsterm für die Variable x die Zahl c schreibt. Wenn die Zahl $c < 0$ ist, dann sollte man beim Einsetzen von c in den Funktionsterm *Klammern um c* schreiben: „(c)"
- Eine Gleichung der Art $f(x) = x^2$ nennt man **Funktionsgleichung von f**.
- Der **Wertebereich W_f** einer Funktion f ist die Menge aller Funktionswerte f(x).

Beispiel 1:
Geben Sie die Definitionsmenge der Funktion an.

a) $f: f(x) = x^2 - 4$ b) $g: x \mapsto \frac{1}{x-2}$ c) $f: f(x) = \sqrt{x+1}$

Lösung:

a) $D_f = \mathbb{R}$ b) $D_g = \mathbb{R} \setminus \{2\}$ c) $D_f = \mathbb{R} \setminus \{x;\ \text{mit}\ x < -1\}$

Die **Definitionsmenge** ist eine Teilmenge aller reellen Zahlen $\mathbb{R}$.
Man schreibt üblicherweise $\mathbf{D_f = \mathbb{R} \setminus \{...\}}$, wobei man in die geschweifte Klammern alle x-Werte schreibt, die *nicht* in den Funktionsterm eingesetzt werden dürfen (sprich: *„Menge aller reellen Zahlen außer ...“*).

Unzulässige x-Werte, die sogenannten **Definitionslücken**, sind all diejenigen Zahlen, für die beim Einsetzen in f(x)

- der Nenner eines Bruchs 0 wird,
- der Term unter einer Wurzel kleiner als 0 wird,
- der Term in einem Logarithmus 0 oder negativ wird.

Besondere Bezeichnungen sind:
$\mathbb{R}^+$ (alle $x > 0$), $\mathbb{R}_0^+$ (alle $x \geq 0$), $\mathbb{R}^-$ (alle $x < 0$), $\mathbb{R}_0^-$ (alle $x \leq 0$).

Wertetabelle und Schaubild

Zentrale Kenntnisse

- In einer **Wertetabelle** werden in einem geeigneten x-Wertebereich die Wertepaare (x|y) einer Funktion tabellarisch aufgelistet.
  Die Schrittweite Δx zwischen den einzelnen x-Werten sollte in einer Wertetabelle immer gleich sein.
- Den **Graph** bzw. das **Schaubild** einer Funktion erhält man, indem man einige Wertepaare (x|y) in ein kartesisches Koordinatensystem einträgt und zu einer Kurve verbindet. Dabei darf aber nicht über die Definitionslücken hinweg gezeichnet werden.
- Die Stellen, an denen der Graph einer Funktion f die x-Achse schneidet, heißen die **Nullstellen von f.** Man berechnet sie, indem man die Gleichung $\mathbf{f(x) = 0}$ löst.
- Der **Schnittpunkt** des Graphen von f **mit der y-Achse** hat immer die Koordinaten $\mathbf{S(0|f(0))}$.

Abi Tipp

WERTEBEREICH BESTIMMEN

Der **Wertebereich W** einer Funktion kann elegant bestimmt werden, indem man den Graphen der Funktion auf die y-Achse projiziert. Diejenigen Punkte der y-Achse, die bei dieser Projektion frei bleiben, gehören *nicht* zum Wertebereich W.

Beispiel 2:
Erstellen Sie für den Bereich $-1 \le x \le 4$ eine Wertetabelle der Funktion f mit $f(x) = -x^2 + 4x - 1$ und skizzieren Sie den Graphen von f. Bestimmen Sie anhand des Graphen von f den Wertebereich W_f. Berechnen Sie außerdem die Nullstellen von f.

Lösung:

Wertetabelle:

x	−1	0	1	2	3	4
y = f(x)	−6	−1	2	3	2	2

Skizze:

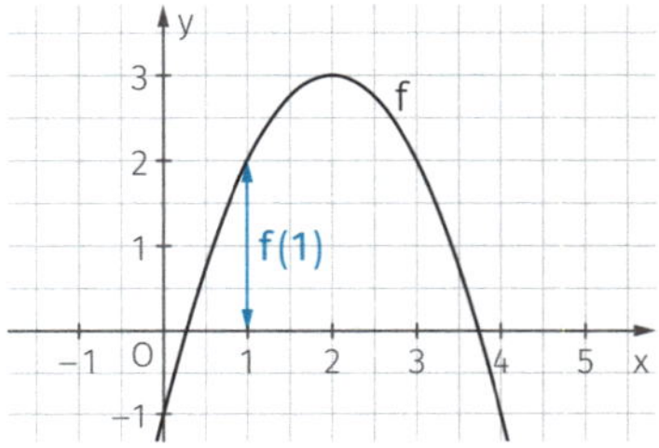

Wertebereich:
$W_f = \{y \in \mathbb{R};\ \text{mit}\ y \le 3\}$
Nullstellen:
Ansatz $f(x) = 0$:
Die Gleichung $-x^2 + 4x - 1 = 0$ hat die Lösungen $x_1 = 2 + \sqrt{3}$ und $x_2 = 2 - \sqrt{3}$

Die y-Koordinate des Punktes $P(u\,|\,\mathbf{f(u)})$ gibt dessen **Abstand d_x von der x-Achse** an: $d_x = |f(u)|$

Die x-Koordinate des Punktes $P(\mathbf{u}\,|\,f(u))$ gibt dessen **Abstand d_y von der y-Achse** an: $d_y = |u|$

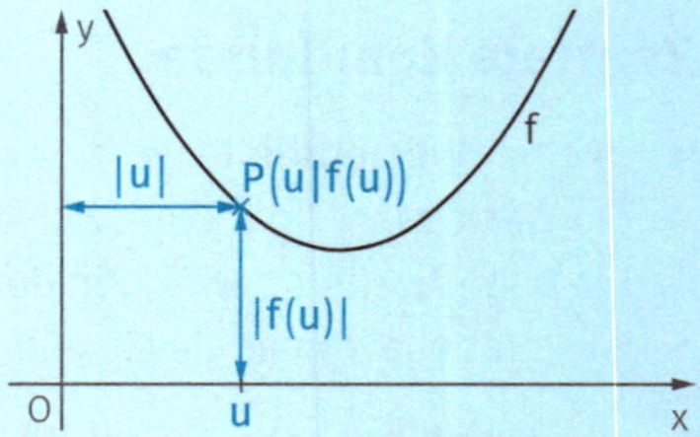

DER BEGRIFF DER FUNKTION — Checkliste

Folgende Fragen sollten Sie nun mühelos beantworten können:

- → Was versteht man unter einer Funktion?
- → Wie bestimmt man die Definitionsmenge einer Funktion und wie schreibt man diese auf?
- → Wie erstellt man eine Wertetabelle einer Funktion?
- → Wie kann man anhand einer Wertetabelle den Graphen einer Funktion erstellen?
- → Wie berechnet man die Nullstellen einer Funktion?
- → Wie kann man anhand des Graphen einer Funktion den Wertebereich dieser Funktion bestimmen?
- → Welche geometrische Bedeutung haben die Koordinaten eines Punktes P(u|f(u)) in einem kartesischen Koordinatensystem?

ENTWICKLUNG VON FUNKTIONEN

2

Verschieben eines Graphen in y- oder x-Achsenrichtung

Zentrale Kenntnisse

- Der Graph der Funktion g mit **$g(x) = f(x) + d$** ist gegenüber dem Graphen der Funktion f um d Längeneinheiten (LE) in y-Achsenrichtung verschoben. Und zwar bei $d > 0$ nach oben; und bei $d < 0$ nach unten. (In der Zeichnung ist $d > 0$.)

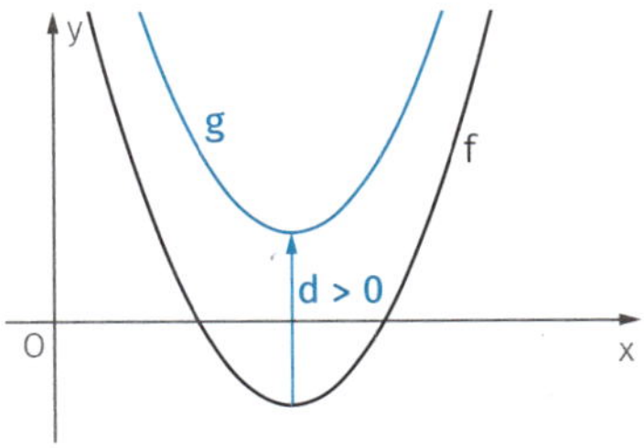

- Es sei $c > 0$. Dann ist der Graph der Funktion g mit **$g(x) = f(x - c)$** gegenüber dem Graphen der Funktion f um c Längeneinheiten in x-Achsenrichtung **nach rechts** verschoben.

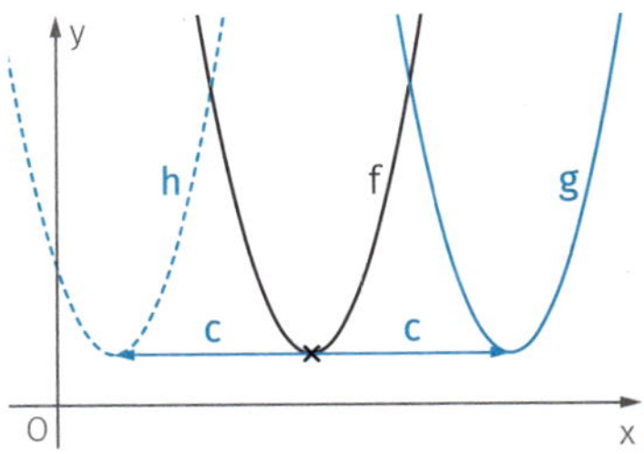

- Es sei $c > 0$. Dann ist der Graph der Funktion h mit **$h(x) = f(x + c)$** gegenüber dem Graphen von f um c Längeneinheiten in x-Achsenrichtung **nach links** verschoben.

Abi Tipp

KLAMMERN SETZEN

Wenn man den **Term $f(x \pm c)$** bestimmen will, muss man in dem Term von f(x) alle x-Variablen durch den Ausdruck „$(x \pm c)$" ersetzen. Man achte dabei darauf, **Klammern um „$x \pm c$" zu setzen !**

Beispiel 1:
Der Graph der Funktion g ist gegenüber dem Graphen von f mit $f(x) = (x-1)^2 + 2$ um 3 LE nach unten verschoben ist. Geben Sie eine Funktionsgleichung von g an.
Lösung:
$g(x) = f(x) \mathbf{- 3} = (x-1)^2 + 2 \mathbf{- 3} = (x-1)^2 - 1$

Beispiel 2:
Gegeben sei die Funktion f mit $f(x) = x^2 + 2x$. Der Graph von g entsteht aus dem Graphen von f durch Verschieben um 3 LE nach rechts. Der Graph von h entsteht aus dem Graphen von f durch Verschieben um 1 LE nach links. Geben Sie die Funktionsgleichungen von g und h an.
Lösung:
$g(x) = f(\mathbf{x-3}) = (\mathbf{x-3})^2 + 2(\mathbf{x-3}) = x^2 - 6x + 9 + 2x - 6 = x^2 - 4x + 3.$
$h(x) = f(\mathbf{x+1}) = (\mathbf{x+1})^2 + 2(\mathbf{x+1}) = x^2 + 2x + 1 + 2x + 2 = x^2 + 4x + 3.$

Strecken und Stauchen eines Graphen in y-Achsenrichtung

Zentrale Kenntnisse

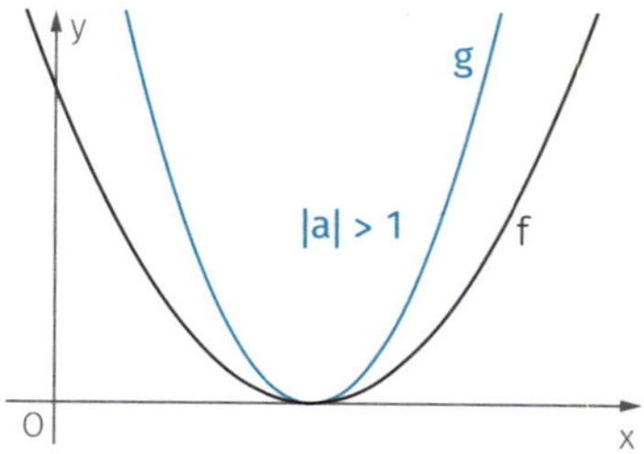

- Der Graph der Funktion g mit $g(x) = a \cdot f(x)$ entsteht aus dem Graphen von f, indem man den Graphen von f vertikal mit dem Faktor |a| streckt bzw. staucht.
- Bei **|a| > 1** wird der Graph von f vertikal gestreckt, also in die Länge gezogen.

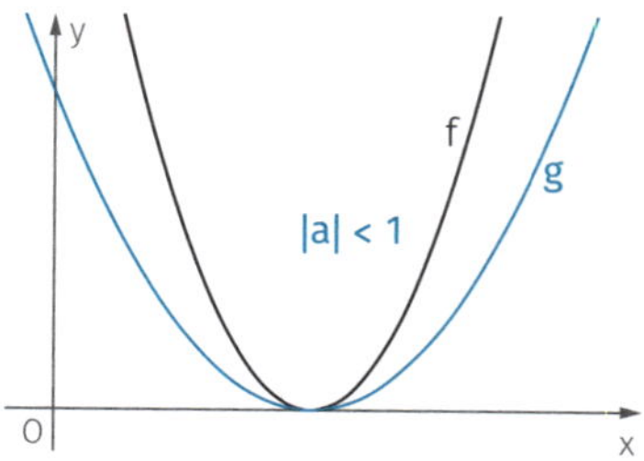

- Bei **|a| < 1** wird der Graph von f vertikal gestaucht, also zusammengedrückt.
- Wenn **a < 0** ist, dann wird der Graph von f zusätzlich an der x-Achse gespiegelt.
- **Schnittpunkte mit der x-Achse** ändern beim Strecken bzw. Stauchen in y-Achsenrichtung ihre Lage nicht.

Ein **Spezialfall** liegt vor bei **$a = -1$**. Dann geht der Graph von g mit **$g(x) = -f(x)$** durch eine einfache **Spiegelung des Graphen von f an der x-Achse** hervor.

Abi Tipp

GRAFISCHE BESTIMMUNG DES FAKTORS a

Wenn man den **Streck- bzw. Stauchfaktor a anhand der Graphen** von f und g mit $g(x) = a \cdot f(x)$ bestimmen will, kann man wie folgt vorgehen:

Zuerst zeichnet man an einer Stelle $x = u$ eine Vertikale, die den Graphen von f im Punkt $P(u \mid f(u))$ und den Graphen von g im Punkt $Q(u \mid g(u))$ schneidet.

Die Vertikale $x = u$ sollte man dabei möglichst so legen, dass die Punkte $P(u \mid f(u))$ und $Q(u \mid g(u))$ Gitterpunkte sind.

Der **Quotient $g(u) : f(u)$** ist dann der gesuchte Streck- bzw. Stauchfaktor a.

Beispiel 3:

Der Graph von g ist aus dem Graphen von f mit $f(x) = 0{,}25\,(x-1)^2$ durch Streckung in y-Achsenrichtung hervorgegangen.
Bestimmen Sie anhand des Schaubilds den Streckfaktor a und geben Sie die Funktionsgleichung von g an.

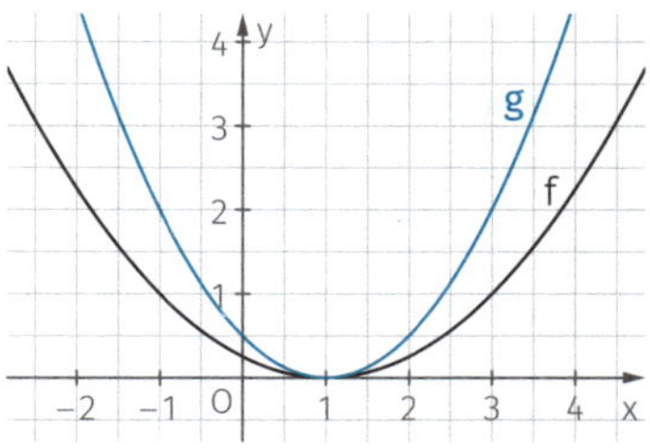

Lösung:

Auf der Vertikalen $x = 3$ liegen die Punkte $P(3 \mid f(3))$ und $Q(3 \mid g(3))$ mit $f(3) = 1$ und $g(3) = 2$.
Damit folgt:
$a = g(3) : f(3) = 2$
und
$g(x) = 0{,}5\,(x-1)^2$

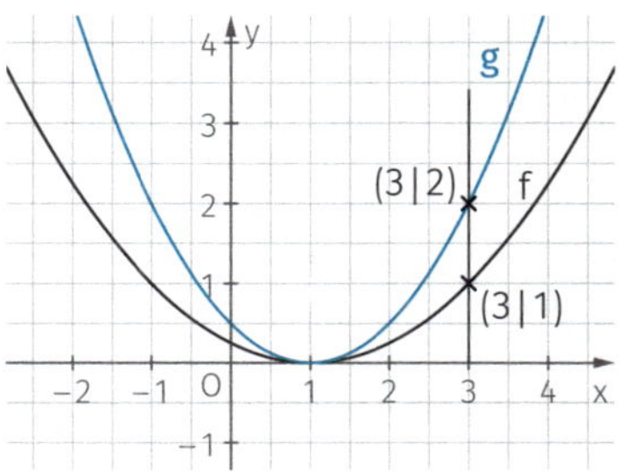

Strecken und Stauchen eines Graphen in x-Achsenrichtung

Zentrale Kenntnisse

- Der Graph der Funktion g mit **g(x) = f(b · x)** entsteht aus dem Graphen von f, indem man den Graphen von f horizontal, also in x-Achsenrichtung mit dem Faktor $\frac{1}{|b|}$ streckt bzw. staucht.
- Bei **|b| > 1** wird der Graph von f horizontal gestaucht, also gequetscht.
- Bei **|b| < 1** wird der Graph von f horizontal gestreckt, also in die Länge gezogen.
- Wenn **b < 0** ist, dann wird der Graph von f zusätzlich an der y-Achse gespiegelt.

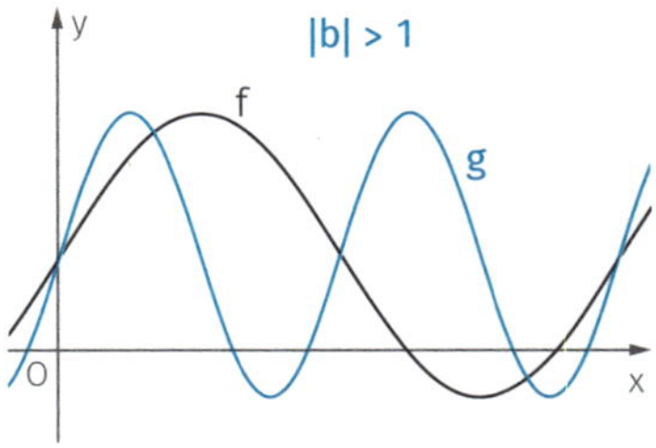

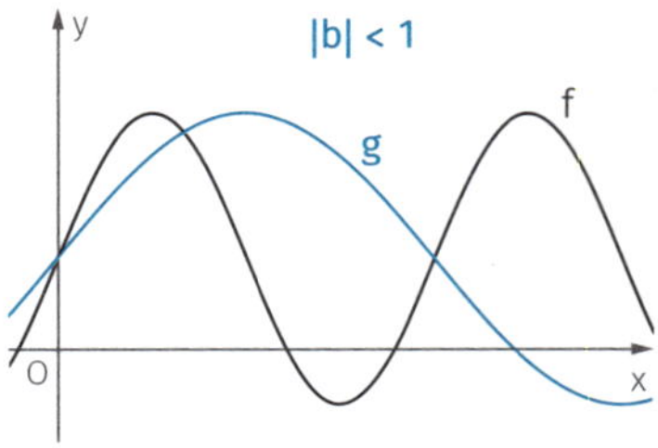

- **Ein Schnittpunkt mit der y-Achse** ändert beim Strecken bzw. Stauchen in x-Achsenrichtung seine Lage nicht.
- Ein **Spezialfall** liegt vor bei **b = −1**. Dann geht der Graph von g mit **g(x) = f(−x)** durch eine einfache **Spiegelung des Graphen von f an der y-Achse** hervor.

Beim **Strecken in x-Achsenrichtung** muss $|b| < 1$ sein.
Beim **Strecken in y-Achsenrichtung** ist es gerade umgekehrt!
Da muss $|a| > 1$ sein (→ Seite 12).

Abi Tipp

DEN FAKTOR b GRAFISCH BESTIMMEN

Zuerst zeichnet man die Horizontale $y = c$, die den Graphen von f im Punkt $P(u|c)$ und den Graphen von g im Punkt $Q(v|c)$ schneidet. Für den Streck- bzw. Stauchfaktor b in $g(x) = f(b \cdot x)$ gilt dann: $b = \frac{u}{v}$

Beispiel 4:
Der Graph von g ist aus dem Graphen von f mit $f(x) = -0{,}5x^2 + 2x + 1$ durch Stauchen in x-Achsenrichtung hervorgegangen.
Bestimmen Sie anhand des Schaubilds den Stauchfaktor b und geben Sie die Funktionsgleichung von g an.

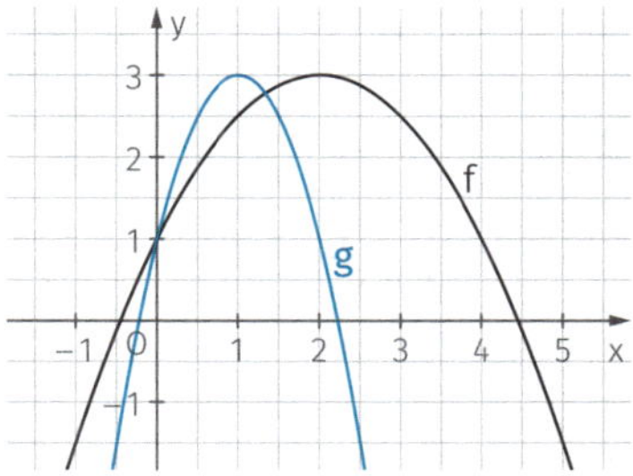

Lösung:
Mit den Punkten P(4 | 1) und Q(2 | 1) folgt:
b = 4 : 2 = 2 und

$$\mathbf{g(x)} = f(\mathbf{2x}) = -0{,}5\cdot(\mathbf{2x})^2 + 2\cdot(\mathbf{2x}) + 1 = \mathbf{-2x^2 + 4x + 1}.$$

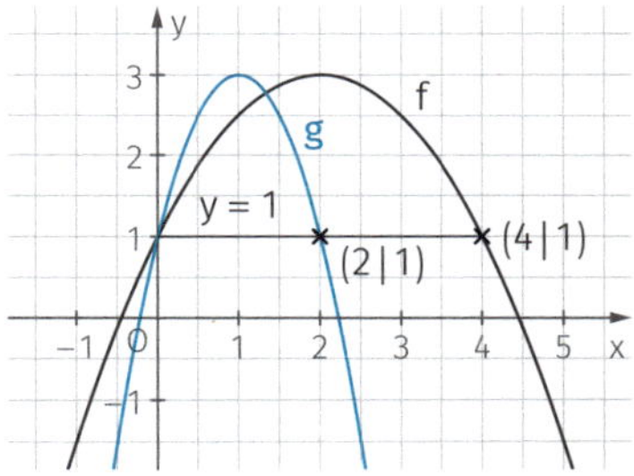

Spiegeln eines Graphen an der Horizontalen y = c

Zentrale Kenntnisse

- Jede **Gerade y = c** (mit $c \in \mathbb{R}$)[1] ist eine Parallele zur x-Achse durch den Punkt S(0 | c).
- Spiegelt man den Graphen einer Funktion f an der Horizontalen y = c, erhält man den Graphen der Funktion g mit **g(x) = 2c − f(x)**.
  (Hinweis: Diese Gleichung folgt aus der Symmetriebedingung $f(x) - c = c - g(x)$)

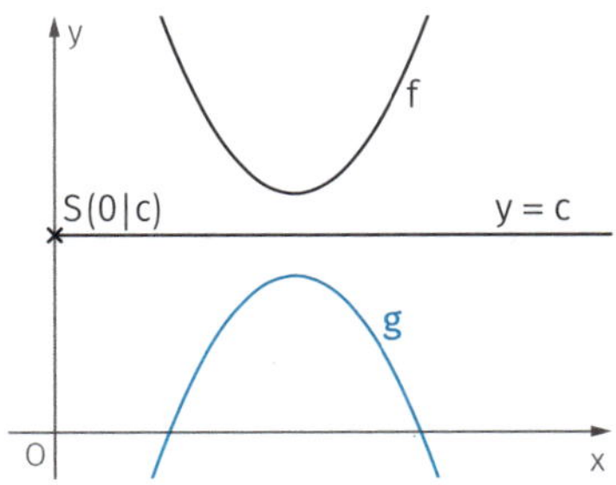

1 Beachten Sie: Die Benennung der Variablen (hier b, c) kann variieren.

Beispiel 5:

Der Graph von f mit $f(x) = x^2 - 6x + 13$ werde an der Geraden $y = 3$ gespiegelt. Man erhält so den Graphen von g.

Bestimmen Sie rechnerisch eine Funktionsgleichung von g.

Lösung:

Mit $c = 3$ und der Formel $g(x) = 2c - f(x)$ erhält man:

$g(x) = 6 - f(x) = 6 - [x^2 - 6x + 13] = \mathbf{-x^2 + 6x - 7.}$

ENTWICKLUNG VON FUNKTIONEN — Checkliste

Folgende Fragen sollten Sie nun mühelos beantworten können:

- Wie geht der Graph von g mit $\mathbf{g(x) = f(x) + d}$ aus dem Graphen von f hervor?
- Wie geht der Graph von g mit $\mathbf{g(x) = f(x - c)}$ bzw. $\mathbf{g(x) = f(x + c)}$ aus dem Graphen von f hervor? (jeweils mit $c > 0$)
- Wie geht der Graph von g mit $\mathbf{g(x) = a \cdot f(x)}$ aus dem Graphen von f hervor, wenn $|a| > 1$ bzw. $|a| < 1$ ist? Was muss man zusätzlich beachten, wenn $a < 0$ ist?
- Wie geht der Graph von g mit $\mathbf{g(x) = f(b \cdot x)}$ aus dem Graphen von f hervor, wenn $|b| > 1$ bzw. $|b| < 1$ ist? Was muss man zusätzlich beachten, wenn $b < 0$ ist?
- Wie kann man anhand der Graphen von f und g mit $g(x) = a \cdot f(x)$ den Faktor a bestimmen?
- Wie kann man anhand der Graphen von f und g mit $g(x) = f(b \cdot x)$ den Faktor b bestimmen?
- Wie hängt g(x) mit f(x) zusammen, wenn der Graph von g achsensymmetrisch zum Graphen von f bezüglich der Spiegelachse $y = c$ ist?

GANZRATIONALE FUNKTIONEN

3

Definition – allgemeine Eigenschaften

Zentrale Kenntnisse

- Eine ganzrationale Funktion f vom **Grad n** hat die allgemeine Funktionsgleichung $\mathbf{f(x) = a_n \cdot x^n + a_{n-1} \cdot x^{n-1} + \ldots + a_1 \cdot x + a_0}$, mit $n \in \mathbb{N}$ und $a_n, a_{n-1}, \ldots, a_1, a_0 \in \mathbb{R}$ und $a_n \neq 0$. Wegen $\mathbf{x^0 = 1}$ lässt man im letzten Summanden „$\mathbf{+a_0}$" die x-Variable weg. Es gilt $\mathbf{a_0 \cdot x^0 = a_0}$.
- Die Werte $a_n, a_{n-1}, \ldots, a_1, a_0$ nennt man **Koeffizienten**.
- Ganzrationale Funktionen werden auch **Polynomfunktionen** genannt.
- Der **Definitionsbereich** ganzrationaler Funktionen ist immer $D_f = \mathbb{R}$, wenn nichts anderes angegeben ist.

Abi Tipp

GERADEN UND PARABELN

- Eine ganzrationale Funktion **ersten Grades** hat die Funktionsgleichung $\mathbf{f(x) = a_1 \cdot x + a_0}$, besser bekannt in der Form $\mathbf{y = m \cdot x + c}$. Ihr Graph ist eine **Gerade** mit der Steigung m bzw. a_1 und mit dem y-Achsenabschnitt c bzw. a_0.
- Eine ganzrationale Funktion **zweiten Grades** hat die Funktionsgleichung $\mathbf{f(x) = a_1 \cdot x^2 + a_2 \cdot x + a_0}$, die Ihnen bereits in der Form $\mathbf{f(x) = ax^2 + bx + c}$ bzw. $\mathbf{y = ax^2 + bx + c}$ bekannt sein dürfte. Ihr Graph ist eine **Parabel**. Bei $a_1 = 1$ bzw. $a = 1$ handelt es sich um eine verschobene Normalparabel.

Beispiel 1:
Eine verschobene Normalparabel geht durch die Punkte $A(0|-2)$ und $B(2|8)$. Wie lautet die zugehörige Funktionsgleichung?
Lösung:
Mit dem Ansatz $f(x) = x^2 + bx + c$ und dem Punkt $A(0|-2)$ folgt:
$f(0) = -2 \Leftrightarrow 0^2 + b \cdot 0 + c = -2 \Leftrightarrow \mathbf{c = -2}$.
Einsetzen der Koordinaten von $B(2|8)$ in $f(x) = x^2 + bx \mathbf{- 2}$ ergibt:
$f(2) = 8 \Leftrightarrow 2^2 + b \cdot 2 - 2 = 8 \Leftrightarrow \mathbf{b = 3}$. Ergebnis: $\mathbf{f(x) = x^2 + 3x - 2}$

Symmetrie ganzrationaler Funktionen

Zentrale Kenntnisse

- Wenn im Funktionsterm einer ganzrationalen Funktion f nur **Potenzen mit gerader Hochzahl**[1] vorkommen, verläuft der Graph von f **symmetrisch zur y-Achse**.
  Man beachte: Wegen $a_0 = a_0 \cdot x^0$ gilt die Konstante a_0 als ein Summand mit gerader Potenz.
- Wenn im Funktionsterm einer ganzrationalen Funktion f nur **Potenzen mit ungerader Hochzahl** vorkommen, verläuft der Graph von f **punktsymmetrisch zum Ursprung O(0|0)**.

Die allgemeinen Symmetriebedingungen für den Graphen einer reellen Funktion f sind:

Symmetrie zur y-Achse:
$\mathbf{f(x) = f(-x)}$ für alle $x \in D_f$

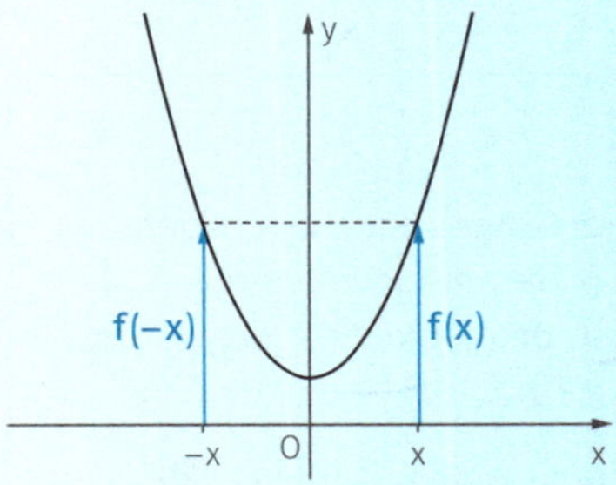

Symmetrie zum Ursprung O(0|0):
$\mathbf{f(x) = -f(-x)}$ für alle $x \in D_f$

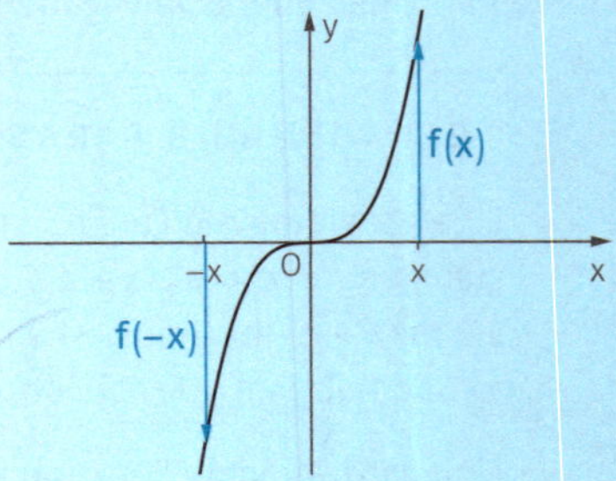

Beispiel 2:
Der Graph einer ganzrationalen Funktion vierten Grades verläuft symmetrisch zur y-Achse.
Was lässt sich über die Koeffizienten in $f(x) = ax^4 + bx^3 + cx^2 + dx + e$ aussagen?

Lösung:
Im Funktionsterm dürfen nur Potenzen mit gerader Hochzahl vorkommen. Es muss also gelten: $b = 0$ und $d = 0 \Leftrightarrow f(x) = ax^4 + cx^2 + e$
Über die Koeffizienten a, c und e kann man ohne weitere Angaben nichts aussagen.

1 „Hochzahl" heißt auch Exponent.

Abi Tipp

KLAMMERN HELFEN

- Wenn man rechnerisch eine Funktion auf Symmetrie untersuchen soll, muss man im Funktionsterm die Variable **„x" durch „(−x)" ersetzen**. Man achte auf die Klammern.
- Zum Aufstellen des Terms **„$-f(-x)$"** muss man ebenfalls zusätzliche Klammern setzen, wenn $f(-x)$ eine Summe ist: $\mathbf{-f(-x) = -[f(-x)]}$

Beispiel 3:
Zeigen Sie rechnerisch, dass der Graph der ganzrationalen Funktion f mit $f(x) = 2x^3 - 4x$ symmetrisch zum Ursprung $O(0|0)$ verläuft $(D_f = \mathbb{R})$.

Lösung:
Für alle $x \in \mathbb{R}$ muss gelten: $f(x) = -f(-x)$. Man erhält:
$2x^3 - 4x = -[2(-x)^3 - 4(-x)]$
$\Leftrightarrow\ 2x^3 - 4x = -[-2x^3 + 4x]$
$\Leftrightarrow\ 2x^3 - 4x = 2x^3 - 4x.$
Wahre Aussage für alle $x \in \mathbb{R}$.

Grenzverhalten ganzrationaler Funktionen für $x \to \pm\infty$

Zentrale Kenntnisse

- Ganzrationale Funktionen von **geradem Grad** verhalten sich für $x \to +\infty$ und für $x \to -\infty$ **gleich**.
- Ganzrationale Funktionen von **ungeradem Grad** verhalten sich für $x \to +\infty$ und für $x \to -\infty$ **entgegengesetzt**.
- Wie sich eine ganzrationale Funktion f mit $f(x) = a_n \cdot x^n + \dots$ für $x \to +\infty$ verhält, hängt vom **Vorzeichen des Koeffizienten a_n ab:**
  Für $x \to +\infty$ und $a_n > 0$ geht $f(x) \to +\infty$.
  Man schreibt: $\lim\limits_{x \to +\infty} f(x) \to +\infty$ (lateinisch: limes = Grenze)[2]
  Für $x \to +\infty$ und $a_n < 0$ geht $f(x) \to -\infty$.
  Man schreibt: $\lim\limits_{x \to +\infty} f(x) \to -\infty$.
  Das Verhalten von $f(x)$ für $x \to -\infty$ ergibt sich dann aus den beiden zuerst genannten Regeln.

---

2 Statt $\lim\limits_{x \to +\infty} f(x) \to \pm\infty$ ist auch $\lim\limits_{x \to +\infty} f(x) = \pm\infty$ üblich.

Abi Tipp

GRENZVERHALTEN SCHNELL PRÜFEN

Um das für $f(x) = a_n \cdot x^n + \dots$ ermittelte Grenzverhalten zu überprüfen, kann man einfach die Werte $a_n \cdot \mathbf{(+1000)^n}$ (für $x \to +\infty$) und $a_n \cdot \mathbf{(-1000)^n}$ (für $x \to -\infty$) berechnen.

- Ein großer, positiver Wert entspricht dann „$+\infty$".
- Ein betragsmäßig großer, negativer Wert entspricht „$-\infty$".

(Dies ist zwar etwas unmathematisch, funktioniert bei den Funktionen im Abitur aber immer.)

Beispiel 4:
Untersuchen Sie das Verhalten von f mit $f(x) = -2x^3 + 4x$ für $x \to +\infty$ und für $x \to -\infty$.
Lösung:
$\lim\limits_{x \to +\infty} -2x^3 + 4x \to -\infty$ und $\lim\limits_{x \to -\infty} -2x^3 + 4x \to +\infty$

Nullstellen ganzrationaler Funktionen und der Satz vom Nullprodukt

Zentrale Kenntnisse

- Eine Zahl c ist dann eine **Nullstelle einer Funktion f**, wenn $f(c) = 0$ gilt.
- Man berechnet die Nullstelle einer Funktion f, indem man die Gleichung $\mathbf{f(x) = 0}$ nach der Variablen x auflöst.
  Bei ganzrationalen Funktionen vom Grad $n > 2$ kann die Gleichung $f(x) = 0$ nicht mit einer Lösungsformel gelöst werden.
- Der **Satz vom Nullprodukt** besagt, dass ein Produkt dann 0 wird, wenn mindestens einer seiner Faktoren 0 wird.
  Die Lösungen einer Gleichung der Art $g(x) \cdot h(x) = 0$ sind also die Lösungen der Gleichungen $g(x) = 0$ und $h(x) = 0$.
  Bei mehreren Faktoren erhält man entsprechend mehrere Gleichungen der Art $g(x) = 0$ bzw. $h(x) = 0$.
- Wenn eine ganzrationale Funktion f in der **Linearfaktorzerlegung** $\mathbf{f(x) = a \cdot (x - x_1) \cdot (x - x_2) \cdot (x - x_3) \cdot \ldots \cdot (x - x_n)}$ angegeben ist, hat f die Nullstellen $x_1, x_2, \ldots, x_n$. Die Terme $(x - x_i)$ nennt man **Linearfaktoren**.

- Kommt der Linearfaktor $(x - x_i)$ in der Linearfaktorzerlegung einer Funktion n-mal vor bzw. als Potenz $(x - x_i)^n$, nennt man x_i eine **n-fache Nullstelle**. Die Zahl n nennt man den **Grad einer Nullstelle**.
- Bei einer **Nullstelle gerader Ordnung** hat der Graph von f an dieser Stelle der x-Achse einen **Tiefpunkt oder Hochpunkt**.
- Bei einer **Nullstelle ungerader Ordnung** hat der Graph von f einen Vorzeichenwechsel und einen **Wendepunkt** auf der x-Achse.
- Eine ganzrationale Funktion n-ten Grades hat maximal n Nullstellen.

BERECHNUNG VON NULLSTELLEN

- Die **Nullstellen ganzrationaler Funktionen zweiten Grades** $f(x) = ax^2 + bx + c$ (mit $a, b, c \in \mathbb{R}$) können mit einer Lösungsformel berechnet werden:
  In Abhängigkeit von der **Diskriminanten $D = b^2 - 4ac$** gibt es:
  → keine Nullstelle, falls $D < 0$ ist,
  → genau eine Nullstelle, falls $D = 0$ ist,
  → zwei Nullstellen x_1 und x_2, falls $D > 0$ ist,
  mit $x_1 = \frac{-b + \sqrt{D}}{2a}$ und $x_2 = \frac{-b - \sqrt{D}}{2a}$

Hinweis: Bei Funktionen wie $f(x) = x^2 + px + q$ können die Nullstellen auch mit der Formel $x_{1,2} = -\frac{p}{2} \pm \sqrt{\left(\frac{p}{2}\right)^2 - q}$ berechnet werden.

- Die **Nullstellen ganzrationaler Funktionen dritten Grades** der Form $f(x) = ax^3 + bx^2 + cx$ (mit $a, b, c \in \mathbb{R}$) können durch **Ausklammern der x-Variable** berechnet werden.
  Es gilt: $f(x) = \mathbf{x} \cdot (ax^2 + bx + c)$.
  Die erste Nullstelle ist dann $x_1 = 0$.
  Mögliche weitere Nullstellen sind die Lösungen der Gleichung $ax^2 + bx + c = 0$ (→ Satz vom Nullprodukt, Seite 20).
- Die **Nullstellen ganzrationaler Funktionen vierten Grades** der Form $f(x) = ax^4 + bx^2 + c$ (mit $a, b, c \in \mathbb{R}$) können mithilfe der **Substitution $x^2 = u$** bestimmt werden.
  Man muss dann die Gleichung $a \cdot u^2 + b \cdot u + c = 0$ lösen.
  Für jede positive Lösung u_i dieser Gleichung erhält man durch die Rücksubstitution $x = \pm\sqrt{u}$ jeweils die beiden Nullstellen $x_1 = +\sqrt{u_i}$; $x_2 = -\sqrt{u_i}$.

Beispiel 5:
Bestimmen Sie die Nullstellen der ganzrationalen Funktionen f und g mit $f(x) = 2x^2 + 3x - 2$ und $g(x) = 5(x+1)^2(x-4)(x-3)$.

Lösung:
Die Nullstellen von f sind: $x_1 = \frac{-3+\sqrt{25}}{4} = 0{,}5$ und $x_2 = \frac{-3-\sqrt{25}}{4} = -2$
Die Nullstellen von g können mithilfe des Satzes vom Nullprodukt sofort angegeben werden:
$(x+1)^2 = 0 \Leftrightarrow \mathbf{x_1 = -1}$; $(x-4) = 0 \Leftrightarrow \mathbf{x_2 = 4}$; $(x-3) = 0 \Leftrightarrow \mathbf{x_3 = 3}$

Beispiel 6:
Bestimmen Sie die Nullstellen der Funktion f mit $f(x) = x^3 - 2x^2 - 15x$.

Lösung:
Es ist $f(x) = x \cdot (x^2 - 2x - 15) \Leftrightarrow \mathbf{x_1 = 0}$ und $x^2 - 2x - 15 = 0$.
Mit der Lösungsformel für quadratische Gleichungen erhält man die weiteren Nullstellen $\mathbf{x_2 = -3}$ und $\mathbf{x_3 = 5}$.

Beispiel 7:
Bestimmen Sie die Nullstellen der Funktion g mit $g(x) = x^4 - x^2 - 2$.

Lösung:
Mit der Substitution $x^2 = u$ erhält man $u^2 - u - 2 = 0$ mit den Lösungen $u_1 = \frac{1+\sqrt{9}}{2} = 2$ und $u_2 = \frac{1-\sqrt{9}}{2} = -1$.
Die Rücksubstitution $x = \pm\sqrt{u}$ ergibt mit $u_1 = 2$: $\mathbf{x_1 = +\sqrt{2}}$; $\mathbf{x_2 = -\sqrt{2}}$.
Mit $u_2 = -1$ erhält man keine weiteren Lösungen, da $\sqrt{-1}$ in $\mathbb{R}$ nicht definiert ist.

Aufstellen ganzrationaler Funktionen anhand gegebener Eigenschaften

Zentrale Kenntnisse

- Sind von einer ganzrationalen Funktion n-ten Grades **n Nullstellen und ein weiterer Punkt** bekannt, kann man damit eine Funktionsgleichung von f aufstellen (→ Beispiele 8 und 9).
- Die **Funktionsgleichung** einer ganzrationalen Funktion f kann auch **anhand charakteristischer Eigenschaften des Graphen von f** wie Hoch- bzw. Tiefpunkte, Wendepunkte u. a. bestimmt werden.
  Zur Lösung solcher Aufgaben muss man anhand der angegebenen Eigenschaften ein Gleichungssystem aufstellen, dessen Lösung die Koeffizienten der ganzrationalen Funktion sind (→ Beispiel 10).

Die wichtigsten Eigenschaften und ihre entsprechenden Gleichungen sind:

Angegebene Eigenschaft	Entsprechende Gleichung(en)
Das Schaubild geht durch den Punkt $P(u\,\vert\,v)$.	$f(u) = v$
$H(u\,\vert\,v)$ ist Hochpunkt des Schaubilds.	$f(u) = v$ und $f'(u) = 0$
$T(u\,\vert\,v)$ ist Tiefpunkt des Schaubilds.	$f(u) = v$ und $f'(u) = 0$
$W(u\,\vert\,v)$ ist Wendepunkt des Schaubilds.	$f(u) = v$ und $f''(u) = 0$
Das Schaubild hat im Punkt $Q(u\,\vert\,v)$ die Steigung m.	$f(u) = v$ und $f'(u) = m$
Das Schaubild berührt die x-Achse bei $x = u$.	$f(u) = 0$ und $f'(u) = 0$
Das Schaubild ist symmetrisch zur y-Achse.	Bei ganzrationalen Funktionen fallen alle Summanden mit ungerader Hochzahl weg.
Das Schaubild ist symmetrisch zum Ursprung.	Bei ganzrationalen Funktionen fallen alle Summanden mit gerader Hochzahl weg.

Hinweis:
Die Bedeutung von $f'(u)$ und $f''(u)$ ist auf den Seiten 52, 57 und 59 erläutert.

Abi Tipp

NULLSTELLENANSATZ UND ÜBERSICHTLICHE KOEFFIZIENTEN

- Zum Aufstellen einer ganzrationalen Funktion f n-ten Grades **anhand aller Nullstellen und eines Punktes von f** muss man vom allgemeinen Ansatz
  $\mathbf{f(x) = a \cdot (x - x_1) \cdot (x - x_2) \cdot (x - x_3) \cdot \ldots \cdot (x - x_n)}$
  ausgehen. Darin sind $x_1, x_2, \ldots, x_n$ die Nullstellen von f.
  Bei einer mehrfachen Nullstelle muss man den Linearfaktor $(x - x_i)$ mehrfach oder als Potenz aufschreiben.

- Zum Aufstellen einer ganzrationalen Funktion f **anhand allgemeiner Eigenschaften** sollte man die Koeffizienten immer mit a, b, c, ... bezeichnen. Dadurch wird die Berechnung übersichtlicher als mit den Koeffizienten a_i.
  Der Ansatz für eine ganzrationale Funktion dritten Grades lautet also $\mathbf{f(x) = ax^3 + bx^2 + cx + d}$.

Beispiel 8:
Eine ganzrationale Funktion f dritten Grades schneidet die x-Achse bei $x_1 = -3$, $x_2 = 1$ und $x_3 = 4$. Der Graph von f geht durch den Punkt $P(2|5)$.
Bestimmen Sie einen Funktionsterm von f.
Lösung:
Mit dem Ansatz $f(x) = a \cdot (x - x_1) \cdot (x - x_2) \cdot (x - x_3)$ erhält man die unvollständige Funktionsgleichung
$f(x) = a \cdot (x - (-3)) \cdot (x - 1) \cdot (x - 4) = a \cdot (x + 3) \cdot (x - 1) \cdot (x - 4)$
Einsetzen der Koordinaten von $P(2|5)$ in $f(x) = a \cdot (x + 3) \cdot (x - 1) \cdot (x - 4)$ ergibt:

$$f(\mathbf{2}) = 5 \Leftrightarrow a \cdot (\mathbf{2} + 3) \cdot (\mathbf{2} - 1) \cdot (\mathbf{2} - 4) = 5$$
$$\Leftrightarrow -10a = 5 \quad |:(-10)$$
$$\Leftrightarrow a = -0{,}5$$

Damit ist $\mathbf{f(x) = -0{,}5 \cdot (x + 3) \cdot (x - 1) \cdot (x - 4)} = -0{,}5x^3 + x^2 + 5{,}5x - 6$.

Beispiel 9:
Das Schaubild zeigt den Graphen einer ganzrationalen Funktion f vierten Grades.
Bestimmen Sie eine Funktionsgleichung von f.

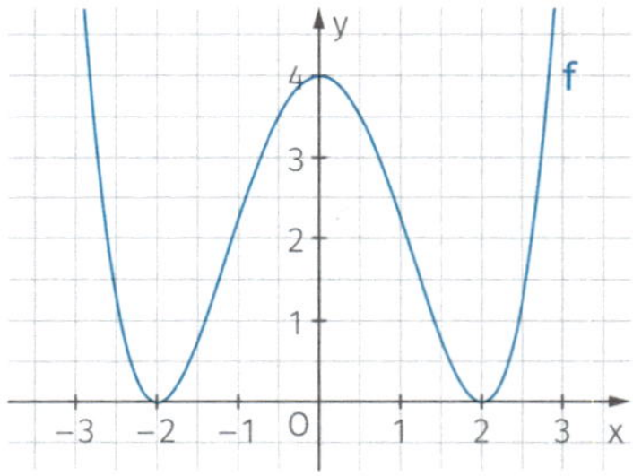

Lösung:
Die Funktion f hat bei $x = -2$ und bei $x = 2$ jeweils eine Nullstelle zweiten Grades. Der Graph von f geht durch $P(0|4)$.
Die unvollständige Funktionsgleichung lautet also:
$f(x) = a \cdot (x + 2)^2 \cdot (x - 2)^2$
Einsetzen der Koordinaten von $P(0|4)$ in $f(x) = a \cdot (x + 2)^2 \cdot (x - 2)^2$ ergibt: $f(0) = 4 \Leftrightarrow a \cdot (0 + 2)^2 \cdot (0 - 2)^2 = 4 \Leftrightarrow \mathbf{a = 0{,}25}$
Damit ist $\mathbf{f(x) = 0{,}25 \cdot (x + 2)^2 \cdot (x - 2)^2} = 0{,}25x^4 - 2x^2 + 4$.

Beispiel 10:
Eine ganzrationale Funktion h zweiten Grades hat den Tiefpunkt $T(-1|-4)$. Ein weiterer Punkt ihres Schaubilds ist $Q(2|5)$.
Ermitteln Sie eine Funktionsgleichung von h.
Lösung:
Mit dem Ansatz $h(x) = ax^2 + bx + c$ ist $h'(x) = 2ax + b$ (→ Seite 52).

Mit $T(-1|-4)$ muss gelten:
$h(-1) = -4 \Leftrightarrow a \cdot (-1)^2 + b \cdot (-1) + c = -4 \Leftrightarrow \mathbf{a - b + c = -4}$ (I)
$h'(-1) = 0 \Leftrightarrow 2a \cdot (-1) + b = 0 \Leftrightarrow \mathbf{-2a + b = 0}$ (II)
Mit $Q(2|5)$ muss gelten:
$h(2) = 5 \Leftrightarrow a \cdot (2)^2 + b \cdot (2) + c = 5 \Leftrightarrow \mathbf{4a + 2b + c = 5}$ (III)
Die Lösung des Gleichungssystems

$$\left| \begin{array}{rcl} a - b + c &=& -4 \\ -2a + b &=& 0 \\ 4a + 2b + c &=& 5 \end{array} \right| \quad \begin{array}{l} \text{(I)} \\ \text{(II)} \\ \text{(III)} \end{array}$$

ist: $\mathbf{a = 1, b = 2}$ und $\mathbf{c = -3}$ (→ Seite 79, Gaußverfahren).
Damit ist $\mathbf{h(x) = x^2 + 2x - 3}$.

GANZRATIONALE FUNKTIONEN — Checkliste

Folgende Fragen sollten Sie nun mühelos beantworten können:

- Wie lautet die allgemeine Funktionsgleichung einer ganzrationalen Funktion n-ten Grades?
- Wie prüft man, ob der Graph einer Funktion f symmetrisch zur y-Achse verläuft?
- Wie prüft man, ob der Graph einer Funktion f symmetrisch zum Ursprung $O(0|0)$ verläuft?
- Welche Bedingung muss die Funktionsgleichung einer ganzrationalen Funktion erfüllen, wenn ihr Graph symmetrisch zur y-Achse bzw. symmetrisch zum Ursprung $O(0|0)$ verlaufen soll?
- Wie untersucht man das Grenzverhalten einer ganzrationalen Funktion für $x \to \pm\infty$? Welche Regeln sollte man dabei beachten?
- Was besagt der Satz vom Nullprodukt?
- Mit welcher Formel kann man die Nullstellen einer ganzrationalen Funktion zweiten Grades bestimmen?
- Unter welcher Voraussetzung kann man auch die Nullstellen einer ganzrationalen Funktion dritten Grades berechnen?
- Unter welcher Voraussetzung kann man auch die Nullstellen einer ganzrationalen Funktion vierten Grades berechnen?
- Wie kann man die Funktionsgleichung einer ganzrationalen Funktion n-ten Grades aufstellen, wenn man n Nullstellen und einen Punkt ihres Graphen kennt?
- Wie stellt man die Funktionsgleichung einer ganzrationalen Funktion n-ten Grades auf, wenn man charakteristische Eigenschaften ihres Graphen kennt?

4 GEBROCHENRATIONALE FUNKTIONEN

Funktionsterm, Definitionsmenge und Nullstellen

Zentrale Kenntnisse

- Eine Funktion f mit $\mathbf{f(x)} = \frac{\mathbf{a_n x^n + a_{n-1} x^{n-1} + \ldots + a_1 x + a_0}}{\mathbf{b_m x^m + b_{m-1} x^{m-1} + \ldots + b_1 x + b_0}}$ heißt gebrochenrationale Funktion mit dem Zählergrad n und dem Nennergrad m, mit $n, m \in \mathbb{N}$ und den Koeffizienten $a_i, b_i \in \mathbb{R}$ und $a_n, b_m \neq 0$.
- Die **Definitionsmenge D_f** einer gebrochenrationalen Funktion sind alle $x \in \mathbb{R}$ außer diejenigen x-Werte, für die der Nenner 0 wird. Nimmt der Nenner beispielsweise für $x = c$ den Wert 0 an, schreibt man: $\mathbf{D_f = \mathbb{R} \setminus \{c\}}$. Sprich: *„Definitionsmenge gleich alle reellen Zahlen außer c."* Den Wert c nennt man **Definitionslücke von f.**
- Die **Nullstellen** einer gebrochenrationalen Funktion sind immer die Nullstellen des Zählers, sofern sie in der Definitionsmenge enthalten sind!

Zur Berechnung der Nullstellen einer gebrochenrationalen Funktion f mit $f(x) = \frac{z(x)}{n(x)}$ muss man die Gleichung $z(x) = 0$ lösen und anschließend prüfen, ob die Lösungen dieser Gleichung in der Definitionsmenge enthalten sind. Ist eine Lösung von $z(x) = 0$ nicht in D_f enthalten, handelt es sich um eine Polstelle oder hebbare Lücke (→ Seite 27).

Beispiel 1:
Bestimmen Sie die Definitionsmenge und die Nullstellen der Funktion f mit $f(x) = \frac{x^2 + x - 12}{(x-1)(x+2)}$.

Lösung:
Die Nullstellen des Nenners sind $x_1 = 1$ und $x_2 = -2$ (→ Satz vom Nullprodukt Seite 20). Damit ist $\mathbf{D_f = \mathbb{R} \setminus \{-2; 1\}}$. Die Nullstellen des Zählers $z(x) = x^2 + x - 12$ sind $x_3 = 3$ und $x_4 = -4$. Da beide Werte in D_f enthalten sind, sind $\mathbf{x_3 = 3}$ und $\mathbf{x_4 = -4}$ auch die Nullstellen von f.

Verhalten an Definitionslücken: Polstellen und hebbare Lücken

Zentrale Kenntnisse

- Eine Definitionslücke $x = c$ ist dann eine **Polstelle von f**, wenn für $x \to c$ die Funktionswerte f(x) gegen $\pm\infty$ gehen (→ Tipp, Seite 28). Man schreibt: $\lim_{x \to c} f(x) \to \pm\infty$. Dies ist immer dann der Fall, wenn entweder die Definitionslücke $x = c$ keine Nullstelle des Zählers in $f(x) = \frac{z(x)}{n(x)}$ ist, oder wenn die Vielfachheit der Nullstelle im Zähler kleiner ist als die Vielfachheit der Nullstelle im Nenner (→ Beispiele 2 und 3).
- **(Be)hebbare Lücke:** Wenn an einer Definitionslücke $x = c$ gleichzeitig eine Nullstelle des Zählers von f ist, und wenn beim vollständigen Kürzen mit dem Linearfaktor $(x - c)$ dieser Linearfaktor im Nenner verschwindet, dann ist $x = c$ eine (be)hebbare Lücke von f. Das heißt anschaulich, dass der Graph von f an der Stelle $x = c$ ein „Loch" hat (→ Beispiel 4).

An einer **Polstelle $x = c$** nähert sich der Graph von f der Vertikalen durch den Punkt $P(c|0)$ asymptotisch an. Diese Vertikale hat die Gleichung $x = c$ und wird auch **senkrechte Asymptote** genannt.

Beispiel 2: Polstelle

Bestimmen Sie die Definitionsmenge der Funktion f mit $f(x) = \frac{x^2 + 2x}{2(x-2)}$ und prüfen Sie, ob f an der Definitionslücke eine Polstelle hat.

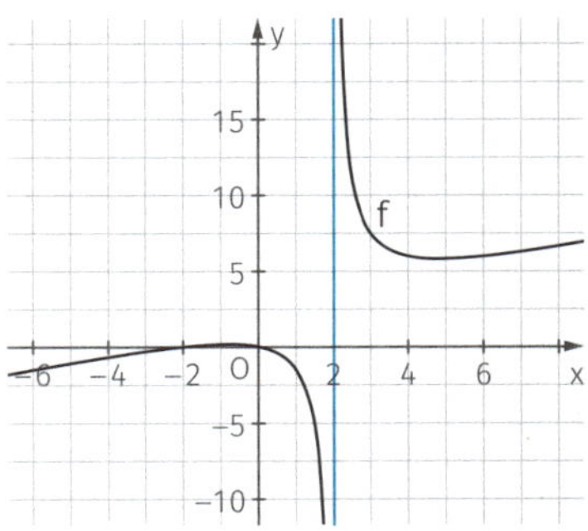

Lösung:

$2(x-2) = 0 \Leftrightarrow x = 2 \Rightarrow D_f = \mathbb{R} \setminus \{2\}$.

Für den Zähler $z(x) = x^2 + 2x$ gilt: $z(2) = 8 \neq 0$.

Somit ist die Definitionslücke $x = 2$ eine Polstelle von f.

Abi Tipp

VERHALTEN VON f AN EINER POLSTELLE

Wie sich der Graph einer Funktion f einer senkrechten Asymptote $x = c$ annähert, kann man mit dem Taschenrechner überprüfen, indem man Funktionswerte an solchen Stellen berechnet, die ganz nahe bei c liegen. Zum Beispiel $f(c - 0{,}01)$ für die Annäherung von links und $f(c + 0{,}01)$ für die Annäherung von rechts.
Wenn beispielsweise $f(c - 0{,}01) < 0$ ist, dann „schießt" der Graph von f bei der linksseitigen Annäherung an $x = c$ nach unten (→ Beispiel 2). Bei $f(c - 0{,}01) > 0$ würde der Graph von f bei *linksseitiger* Annäherung nach oben „schießen".

Beispiel 3: Polstelle

Bestimmen Sie die Definitionsmenge der Funktion f mit $f(x) = \frac{x^2 - 1}{(x-1)^2}$ und prüfen Sie, ob f an der Definitionslücke eine Polstelle hat.

Lösung:

Einzige Definitionslücke: $(x-1)^2 = 0 \Leftrightarrow x = 1 \Rightarrow D_f = \mathbb{R}\setminus\{1\}$. Für den Zähler $z(x) = x^2 - 1 = (x-1)\cdot(x+1)$ gilt: $z(1) = 0$. Weil nun $x = 1$ im Zähler nur eine *einfache* Nullstelle ist, im Nenner aber eine *zweifache* Nullstelle, ist $x = 1$ eine Polstelle von f. Man erkennt dies, indem man mit dem Linearfaktor $(x-1)$ kürzt. Der Linearfaktor $(x-1)$ bleibt dabei im Nenner erhalten: $f(x) = \frac{x^2-1}{(x-1)^2} = \frac{(x-1)(x+1)}{(x-1)^2} = \frac{(x+1)}{(x-1)}$; mit $x \neq 1$.

Beispiel 4: Hebbare Lücke

Bestimmen Sie die Definitionsmenge der Funktion f mit $f(x) = \frac{x^2 - 1}{x - 1}$ und prüfen Sie, ob f an der Definitionslücke eine Polstelle oder eine hebbare Lücke hat.

Lösung:

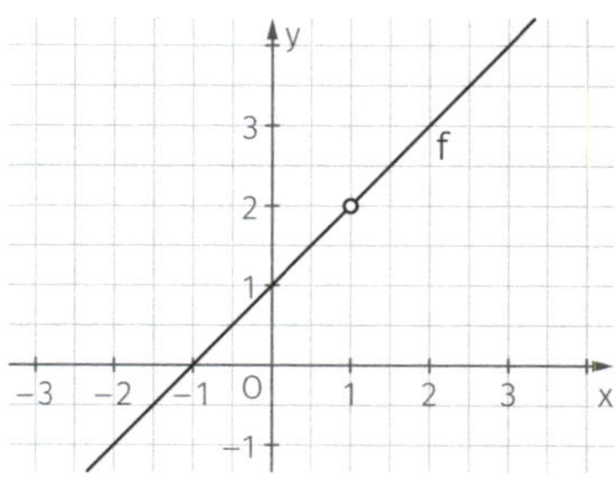

Definitionslücke:
$x - 1 = 0 \Leftrightarrow x = 1 \Rightarrow D_f = \mathbb{R}\setminus\{1\}$.
Für $z(x) = x^2 - 1 = (x-1)\cdot(x+1)$ gilt: $z(1) = 0$.
Weil nun beim Kürzen mit dem Linearfaktor $(x-1)$ der Nenner verschwindet, hat f bei $x = 1$ eine hebbare Lücke:

$$f(x) = \frac{\mathbf{x^2 - 1}}{\mathbf{x - 1}} = \frac{\mathbf{(x-1)(x+1)}}{\mathbf{(x-1)}} = x + 1;\ \text{mit } x \neq 1.$$

Man beachte:

Durch das Kürzen ändert sich die Definitionsmenge $D_f = \mathbb{R}\setminus\{1\}$ nicht!

Verhalten gebrochenrationaler Funktionen für $x \to \pm\infty$

Zentrale Kenntnisse

- Wie sich eine gebrochenrationale Funktion f mit
  $f(x) = \dfrac{a_n x^n + a_{n-1} x^{n-1} + \ldots + a_1 x + a_0}{b_m x^m + b_{m-1} x^{m-1} + \ldots + b_{m-1} x + \ldots + b_1 x + b_0}$ für $x \to \pm\infty$ verhält,
  hängt von dem Zählergrad n und dem Nennergrad m ab. Dabei gilt:
  1. Wenn der Zähler- und Nennergrad gleich sind $(n = m)$,
     dann gilt: $\lim\limits_{x \to \pm\infty} f(x) = \frac{a_n}{b_m}$
  2. Wenn der Zählergrad kleiner als der Nennergrad ist $(n < m)$,
     dann gilt: $\lim\limits_{x \to \pm\infty} f(x) = 0$
  3. Wenn der Zählergrad größer als der Nennergrad ist $(n > m)$,
     dann gilt: $\lim\limits_{x \to \pm\infty} f(x) \to \pm\infty$.
     Ob f(x) dann gegen $+\infty$ oder gegen $-\infty$ geht, hängt davon ab, welche Vorzeichen der Zähler und der Nenner für $x \to +\infty$ bzw. für $x \to -\infty$ haben (→ Beispiel 7).

- Wenn $\lim\limits_{x \to \pm\infty} f(x) = d$ gilt (mit $d \in \mathbb{R}$), dann nähert sich der Graph von f der **waagrechten Asymptote $y = d$** an.
  Bei $d = 0$ ist die x-Achse $(y = 0)$ eine waagrechte Asymptote von f.

- Für das Grenzverhalten einer Summe gilt:
  $\lim\limits_{x \to \pm\infty} [f(x) \pm g(x)] = \lim\limits_{x \to \pm\infty} f(x) \pm \lim\limits_{x \to \pm\infty} g(x)$

Beispiel 5: Zählergrad gleich Nennergrad

Untersuchen Sie für $x \to +\infty$ und für $x \to -\infty$ das Verhalten der Funktion f mit $f(x) = \frac{4x^3 + 2x^2 - 5}{2x^3 + 3x + 1}$.
Geben Sie die Gleichung einer möglichen waagrechten Asymptote an.

Lösung:

Es gilt: $\lim\limits_{x \to +\infty} f(x) = \frac{4}{2} = 2$ und $\lim\limits_{x \to -\infty} f(x) = \frac{4}{2} = 2$
Die Funktion f hat also die waagrechte Asymptote $y = 2$.

Abi Tipp

GRENZVERHALTEN SCHNELL PRÜFEN

Man kann das Verhalten von f für $x \to +\infty$ und für $x \to -\infty$ mit dem Taschenrechner überprüfen, indem man die Werte **f(+1000)** und **f(−1000)** berechnet. In Beispiel 5 erhält man: $f(+1000) \approx 2{,}001$ und $f(-1000) \approx 1{,}999$.

Dadurch erkennt man auch, ob sich der Graph von f der waagrechten Asymptote von oben oder von unten annähert.

Beispiel 6: Zählergrad kleiner als Nennergrad

Untersuchen Sie für $x \to +\infty$ und für $x \to -\infty$ das Verhalten der Funktion f mit $f(x) = \frac{x^2 - 4}{2x^3 + x^2 - 3}$.

Geben Sie die Gleichung einer möglichen waagrechten Asymptote an.

Lösung:

Es gilt: $\lim\limits_{x \to +\infty} f(x) = 0$ und $\lim\limits_{x \to -\infty} f(x) = 0$

Die Funktion f hat also die x-Achse $(y = 0)$ als waagrechte Asymptote.

Beispiel 7: Zählergrad größer als Nennergrad

Untersuchen Sie für $x \to +\infty$ und für $x \to -\infty$ das Verhalten der Funktion f mit $f(x) = \frac{3x^2 - 6}{2x + 1}$.

Geben Sie die Gleichung einer möglichen waagrechten Asymptote an.

Lösung:

Der Zählergrad ist größer als der Nennergrad.

Somit muss der Betrag von $f(x)$ für $x \to \pm\infty$ gegen unendlich gehen und die Funktion f hat keine waagrechte Asymptote.

Als Vorzeichen vor dem „∞“-Zeichen erhält man:

$\lim\limits_{x \to +\infty} f(x) \to +\infty$.

Denn für $x \to +\infty$ ist sowohl der Zähler als auch der Nenner positiv.

(Hinweis: *„plus durch plus ergibt plus“*.)

$\lim\limits_{x \to -\infty} f(x) \to -\infty$. Denn für $x \to -\infty$ ist der Zähler positiv und der Nenner negativ.

(Hinweis: *„plus durch minus ergibt minus“*.)

Beispiel 8: Grenzverhalten einer Summe

Gegeben ist die Funktion h mit $h(x) = 2 - \frac{1}{x^2}$.

Untersuchen Sie h für $x \to +\infty$ und für $x \to -\infty$ und geben Sie die Gleichung der waagrechten Asymptote an.

Lösung:

Es gilt: $\lim\limits_{x \to \pm\infty} \left(2 - \frac{1}{x^2}\right) = \lim\limits_{x \to \pm\infty} 2 - \lim\limits_{x \to \pm\infty} \frac{1}{x^2} = 2 - 0 = 2.$

Die waagrechte Asymptote von h ist $y = 2$.

Abi Tipp

GRENZVERHALTEN DER TERME $\frac{a}{x^n}$

Terme der Art $\frac{a}{x^n}$ mit $a \in \mathbb{R}$ und $n \in \mathbb{N}$ gehen für $x \to \pm\infty$ immer gegen 0.

GEBROCHENRATIONALE FUNKTIONEN — Checkliste

Folgende Fragen sollten Sie nun mühelos beantworten können:

- Wie bestimmt man die Definitionsmenge einer gebrochenrationalen Funktion?
- Wie bestimmt man die Nullstellen einer gebrochenrationalen Funktion?
- Unter welcher Bedingung hat eine gebrochenrationale Funktion eine Polstelle bzw. eine senkrechte Asymptote?
- Wie verhält sich der Graph von f an einer Polstelle und wie kann man dieses Verhalten mit dem Taschenrechner untersuchen?
- Unter welcher Bedingung hat eine gebrochenrationale Funktion eine hebbare Lücke?
- Welche Besonderheit weist der Graph von f an einer hebbaren Lücke auf?
- Wie untersucht man eine gebrochenrationale Funktion auf eine waagrechte Asymptote? Welche Rolle spielen dabei in $f(x) = \frac{z(x)}{n(x)}$ der Zähler- und der Nennergrad?

5 EXPONENTIALFUNKTIONEN

Die natürliche Exponentialfunktion

Zentrale Kenntnisse

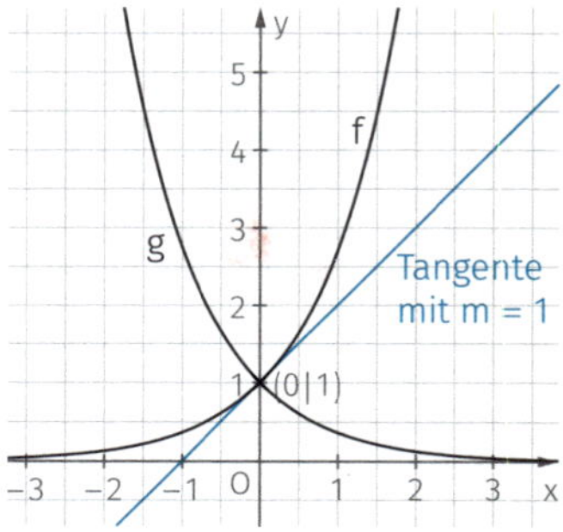

- Die Funktion f mit $\mathbf{f(x) = e^x}$ wird **natürliche Exponentialfunktion** genannt; mit der Euler'schen Zahl $e = \lim\limits_{n \to +\infty} \left(1 + \frac{1}{n}\right)^n = 2{,}718\,281...$ $(n \in \mathbb{N})$
- Die Definitionsmenge ist $\mathbf{D_f = \mathbb{R}}$. Für alle $x \in \mathbb{R}$ können die Funktionswerte $f(x) = e^x$ **nie 0 oder kleiner als 0** werden. Ihr Wertebereich ist somit $\mathbf{W_f = \mathbb{R}^+}$.
- Die natürliche Exponentialfunktion ist mit ihrer Ableitungsfunktion identisch. Es gilt: $\mathbf{f'(x) = e^x}$. Die **Steigung der Tangente in P(0 | 1)** ist somit $\mathbf{m = f'(0) = e^0 = 1}$ (→ Seite 52).
- **Grenzverhalten von f:** Es gilt $\lim\limits_{x \to +\infty} e^x \to +\infty$ und $\lim\limits_{x \to -\infty} e^x = 0$. Der Graph von f nähert sich der x-Achse asymptotisch an.
- Die Funktion g mit $\mathbf{g(x) = e^{-x}}$ geht aus der Funktion f mit $f(x) = e^x$ durch Spiegelung an der y-Achse hervor (→ Seite 14). Das Grenzverhalten von g ist somit gerade umgekehrt: $\lim\limits_{x \to +\infty} e^{-x} = 0$ und $\lim\limits_{x \to -\infty} e^{-x} \to +\infty$

- Es gilt $\mathbf{e^0 = 1}$. Diese Beziehung wird beim Rechnen mit Exponentialfunktionen sehr oft benötigt.
- Die Gleichung $\mathbf{e^x = c}$ hat nur für $c > 0$ eine Lösung; nämlich $x = \ln c$ (→ Seite 33). Dies sollte man sich beim Lösen von Exponentialgleichung merken!

Rechenregeln für Exponentialterme der Art e^{ax}

Zentrale Kenntnisse

- Wichtige Regeln zum Rechnen mit Exponentialterme sind ($a, b \in \mathbb{R}$):

$\ln(e^a) = a$	$e^{\ln(a)} = a$; mit $a > 0$
$e^a \cdot e^b = e^{a+b}$	$\frac{e^a}{e^b} = e^{a-b}$
$e^{ax} = (e^x)^a$; z. B.: $e^{2x} = (e^x)^2 = e^x \cdot e^x$	$e^{-x} = \frac{1}{e^x}$

- Gleichungen der Art $e^{ax} = c$ haben nur dann eine Lösung, wenn $c > 0$ ist. Durch **Logarithmieren** erhält man:

$$e^{ax} = c \quad | \ln$$
$$\Leftrightarrow \ ax = \ln c \quad | :a$$
$$\Leftrightarrow \ \mathbf{x = \frac{1}{a} \ln c}$$

Man beachte den Unterschied: Gleichungen der Art $x^n = c$ (mit $n \in \mathbb{N}$) werden nicht durch Logarithmieren, sondern durch **Wurzelziehen** gelöst! Die Lösungen solcher Gleichungen sind:
Wenn n gerade ist: $x = \pm\sqrt[n]{c}$; keine Lösung für $c < 0$
Wenn n ungerade ist: $x = \sqrt[n]{c}$; mit $c \in \mathbb{R}$

Beispiel 1:
Gegeben ist die Funktion f mit $f(x) = e^x - 4$. Berechnen Sie die Nullstelle von f und den Funktionswert an der Stelle $x = \ln 5$.

Lösung:
Nullstelle: $e^x - 4 = 0 \Leftrightarrow e^x = 4 \Leftrightarrow x = \ln 4$
Funktionswert $f(\ln 5) = e^{\ln 5} - 4 = 5 - 4 = 1$

Beispiel 2:
Gegeben ist die Funktion f mit $f(x) = e^{2x} - 4e^x$.
Berechnen Sie die Nullstellen von f.

Lösung:
Ausklammern von e^x ergibt: $f(x) = e^{2x} - 4e^x = e^x \cdot (e^x - 4)$.
Mit dem Satz vom Nullprodukt folgt (→ Seite 20):
(I) $e^x = 0 \Rightarrow$ keine Lösung
(II) $e^x - 4 = 0 \Leftrightarrow e^x = 4 \Leftrightarrow x = \ln 4$. Die einzige Nullstelle ist $x_1 = \ln 4$.

Zusammengesetzte Exponentialfunktionen und ihr Verhalten für $x \to \pm\infty$

Zentrale Kenntnisse

In zusammengesetzten Funktionstermen wie $f(x) = x^n \cdot e^x$; $g(x) = \frac{x^n}{e^x}$; $h(x) = \frac{e^x}{x^n}$ oder $k(x) = x^n - e^x$ (mit $n \in \mathbb{N}$) wird das Verhalten der Funktionswerte für $x \to \pm\infty$ immer vom Exponentialterm bestimmt.
Wegen der **Dominanz von e^x** gilt:

$\lim\limits_{x \to -\infty} x^n \cdot \mathbf{e^x} = „-\infty \cdot \mathbf{0}“ = 0$	$\lim\limits_{x \to +\infty} \frac{x^n}{e^x} = „\frac{+\infty}{\mathbf{+\infty}}“ = 0$
$\lim\limits_{x \to +\infty} \frac{e^x}{x^n} = „\frac{\mathbf{+\infty}}{+\infty}“ \to +\infty$	$\lim\limits_{x \to +\infty} x^n - \mathbf{e^x} = „+\infty - \mathbf{\infty}“ \to \mathbf{-\infty}$

Abi Tipp

GRENZVERHALTEN SCHNELL PRÜFEN

Sie können das Verhalten einer Exponentialfunktion f für $x \to \pm\infty$ auch mit dem Taschenrechner überprüfen, indem Sie zum Beispiel die Funktionswerte **f(+100)** bzw. **f(–100)** berechnen. Aber Vorsicht: Ab e^{+230} machen die meisten Taschenrechner „schlapp“.

Beispiel 3:
Gegeben ist die Funktion f mit $f(x) = \frac{1 - e^x}{x + 2}$.
Untersuchen Sie das Verhalten von f für $x \to \pm\infty$.
Geben Sie die Gleichung der waagerechten Asymptote an, falls diese existiert.

Lösung:
Es gilt: $\lim\limits_{x \to -\infty} \frac{1 - e^x}{x + 2} = „\frac{1}{-\infty}“ = 0$ und $\lim\limits_{x \to +\infty} \frac{1 - e^x}{x + 2} = „\frac{\mathbf{-\infty}}{+\infty}“ \to -\infty$
Die Funktion f hat die waagrechte Asymptote $y = 0$.

Beispiel 4:
Untersuchen Sie das Verhalten der Funktion f mit $f(x) = x^2 \cdot e^{-2x}$ für $x \to \pm\infty$.

Lösung:
Es gilt: $\lim\limits_{x \to +\infty} x^2 \cdot e^{-2x} = „\infty \cdot 0“ = 0$ und $\lim\limits_{x \to -\infty} x^2 \cdot e^{-2x} = „\infty \cdot \infty“ \to +\infty$

Die natürliche Logarithmusfunktion

Zentrale Kenntnisse

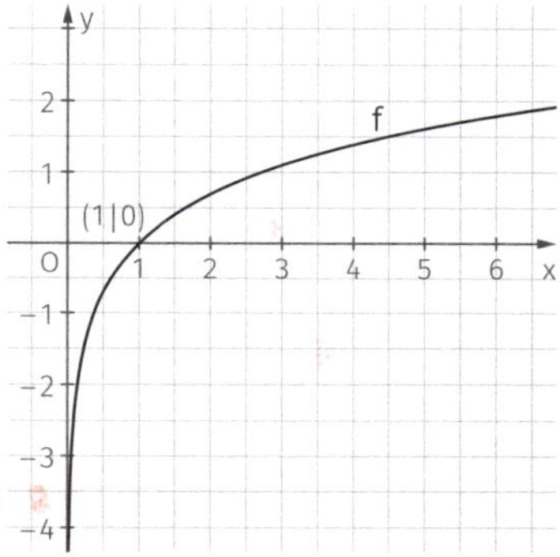

- Die Funktion f mit $f(x) = \ln x$ ist die **natürliche Logarithmusfunktion.** Sie ist nur für $x > 0$ definiert. Ihre Definitionsmenge ist also $D_f = \mathbb{R}^+$. Ihr Wertebereich ist $W_f = \mathbb{R}$.
- Die einzige **Nullstelle** der natürlichen Logarithmusfunktion ist $x = 1$.
- **Grenzverhalten von f:**
  $\lim\limits_{x \to +\infty} \ln x \to +\infty$ und $\lim\limits_{x \to 0} \ln x \to -\infty$.
  Die y-Achse ist somit senkrechte Asymptote.

Zusammengesetzte Logarithmusfunktionen der Art $f(x) = \ln(g(x))$ sind nur für solche x-Werte definiert, für die gilt: $g(x) > 0$.

Die **Nullstelle von** $f(x) = \ln(g(x))$ ist die Lösung der Gleichung $g(x) = 1$.

Beispiel 5:
Gegeben ist die Funktion f mit $f(x) = \ln(2x + 4)$.
Bestimmen Sie die Definitionsmenge und die Nullstelle von f. Untersuchen Sie außerdem das Verhalten von f an den Rändern des Definitionsbereichs.

Lösung:

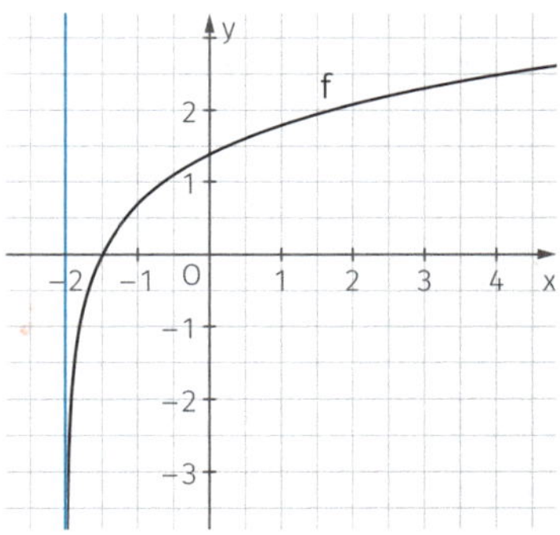

Es muss gelten:
$2x + 4 > 0 \;\Leftrightarrow\; x > -2$.
Damit ist $D_f = \{x \in \mathbb{R};\ \text{mit}\ x > -2\}$.
Nullstelle: $2x + 4 = 1 \;\Leftrightarrow\; \mathbf{x = -1{,}5}$
Grenzverhalten von f:
$\lim\limits_{x \to -2} \ln(2x + 4) \to -\infty$ und
$\lim\limits_{x \to +\infty} \ln(2x + 4) \to +\infty$
Die Gerade $x = -2$ ist **senkrechte Asymptote.**

Exponentielles Wachstum und exponentieller Zerfall

Zentrale Kenntnisse

- Funktionsgleichung[1] für einen **exponentiellen Wachstums-** bzw. **Zerfallsprozess:** $\mathbf{B(t) = B_0 \cdot e^{k \cdot t}}$.
  Für $\mathbf{k > 0}$ ist k die **Wachstum**skonstante.
  Für $\mathbf{k < 0}$ ist k die **Zerfalls**konstante. B_0 ist der Anfangswert.
  (t ist die Zeit ab einem bestimmten Startpunkt $t \geq 0$.)
- Bei exponentiellem Wachstum bzw. Zerfall nimmt der Bestand B(t) von einem Zeitschritt zum nächsten immer um denselben **Wachstums-** bzw. **Zerfallsfaktor** $\mathbf{a = e^k}$ zu bzw. ab. Es gilt $\mathbf{k = \ln a}$.
- Wenn die Veränderung pro Zeitschritt mit einer **Prozentzahl p** beschrieben ist, gilt: $\mathbf{a = 1 + \frac{p}{100}}$ bei exponentiellem Wachstum und $\mathbf{a = 1 - \frac{p}{100}}$ bei exponentiellem Zerfall.
- Die **Halbwertszeit T_H** ist diejenige Zeit, nach der sich bei einem exponentiellen Zerfall der Anfangswert **B_0 halbiert** hat.
  Die **Verdoppelungszeit T_D** ist diejenige Zeit, nach der sich bei einem exponentiellen Wachstum der Anfangswert **B_0 verdoppelt** hat.
  Es gilt: $\mathbf{k = -\frac{\ln 2}{T_H}}$ und $\mathbf{k = \frac{\ln 2}{T_D}}$
- **Differentialgleichung:** Es gilt $\mathbf{B'(t) = k \cdot B(t)}$.

Beispiel 6: B_0 und eine bestimmter Funktionswert sind angegeben
In einem Milliliter frisch gemolkener Kuhmilch befinden sich ca. 2500 Keime. Nach 2 Stunden sind es schon ca. 32 000 Keime.
Mit welcher Funktionsgleichung lässt sich die Vermehrung der Keime beschreiben, wenn man von exponentiellem Wachstum ausgeht?
Wie viele Keime befinden sich nach 5 Stunden in 1 ml Kuhmilch?

Lösung:
Es ist $B_0 = 2500$ Keime. Außerdem soll gelten: $B(2) = 32\,000$ Keime.
Der Ansatz $B(t) = B_0 \cdot e^{kt}$ ergibt: $B(t) = 2500 \cdot e^{kt}$. Mit $B(2) = 32\,000$ folgt: $2500 \cdot e^{k \cdot 2} = 32\,000 \Leftrightarrow e^{k \cdot 2} = 12{,}8 \Leftrightarrow k = \frac{1}{2} \ln 12{,}8 \approx 1{,}275$
Die Wachstumsfunktion lautet also: $\mathbf{B(t) = 2500 \cdot e^{1{,}275 \cdot t}}$
Nach 5 h sind $B(\mathbf{5}) = 2500 \cdot e^{1{,}275 \cdot \mathbf{5}} \approx$ **1,47 Mio. Keime** in 1 ml Kuhmilch.

1 Statt „$B(t) = B_0 \cdot e^{k \cdot t}$" sind auch die Schreibweisen „$N(t) = N_0 \cdot e^{k \cdot t}$" und „$f(t) = f(0) \cdot e^{k \cdot t}$" üblich.

Beispiel 7: B_0 und die Prozentzahl p sind angegeben

Ein Bäcker verkauft sein Roggenmischbrot für 2,60 € pro Stück.
Wie viel wird das Roggenmischbrot in 20 Jahren kosten, wenn man von einer jährlichen Preissteigerung von 1,5 % ausgeht?

Lösung:

Es ist $B_0 = 2{,}60\,€$. Der Wachstumsfaktor ist $a = 1 + \frac{1{,}5}{100} = 1{,}015$.

Mit $k = \ln a$ folgt: $k \approx 0{,}0149 \Rightarrow \mathbf{B(t) = 2{,}60 \cdot e^{0{,}0149 \cdot t}}$, mit t in Jahren.

Brotpreis nach 20 Jahren: $B(\mathbf{20}) = 2{,}60 \cdot e^{0{,}0149 \cdot \mathbf{20}} \approx \mathbf{3{,}50\,€}$

Beispiel 8: B_0 und die Halbwertszeit sind angegeben

Radioaktive Stoffe zerfallen und senden dabei Strahlung aus.
Ihre Masse nimmt dabei exponentiell ab. Das Element Caesium 137 hat eine Halbwertszeit von 30 Jahren. Wie lange dauert es, bis von 100 mg Caesium 90 % zerfallen sind?

Lösung:

Es ist $B_0 = 100\,\text{mg}$ und $k = -\frac{\ln 2}{30} \approx -0{,}0231$.

Damit ist $\mathbf{B(t) = 100 \cdot e^{-0{,}0231 \cdot t}}$, mit t in Jahren.

Wenn 90 % des Anfangsmasse zerfallen sind, muss $B(t) = 10\,\text{mg}$ gelten:

$100 \cdot e^{-0{,}0231 \cdot t} = 10 \;\Leftrightarrow\; t = \frac{1}{-0{,}0231} \ln 0{,}1 \approx$ **99,7 Jahre**

Beispiel 9: Zwei bestimmte Funktionswerte sind angegeben

Auf einem See breitet sich durch Überdüngung ein Algenteppich aus.
5 Tage nach Beobachtungsbeginn sind 200 m² des Sees mit Algen bedeckt. Nach 2 Wochen erstreckt sich der Algenteppich bereits über 1500 m² des Sees. Mit welcher Funktion kann das Algenwachstum beschrieben werden, wenn man von exponentiellem Wachstum ausgeht?
(Tipp: 2 Wochen sind 14 Tage.)

Lösung:

Es soll gelten: (I) $B(5) = 200$ und (II) $B(14) = 1500$

Mit dem Ansatz $B(t) = B_0 \cdot e^{k \cdot \mathbf{t}}$ erhält man:

(I) $B_0 \cdot e^{k \cdot \mathbf{5}} = 200$ und (II) $B_0 \cdot e^{k \cdot \mathbf{14}} = 1500$.

Aus (I) folgt: $B_0 = \frac{200}{e^{5k}}$.

Einsetzen in (II) ergibt:

$$\frac{200}{e^{5k}} \cdot e^{14k} = 1500$$
$$\Leftrightarrow\; 200 \cdot e^{9k} = 1500$$
$$\Leftrightarrow\; k = \frac{\ln 7{,}5}{9} \approx 0{,}2239$$

Für $B_0 = \frac{200}{e^{5k}}$ folgt: $B_0 = 65{,}3$ und $\mathbf{B(t) = 65{,}3 \cdot e^{0{,}2239 \cdot t}}$; (t in Tagen)

Beschränktes Wachstum und beschränkter Zerfall

Zentrale Kenntnisse

- Funktionsgleichung[2] für beschränktes Wachstum: $\mathbf{B(t) = S - C \cdot e^{-kt}}$
- Funktionsgleichung für beschränkten Zerfall: $\mathbf{B(t) = S + C \cdot e^{-kt}}$; jeweils mit der Schranke S und den Konstanten $C > 0$ und $k > 0$.
- Bei einem **beschränkten Wachstum** ist die momentante Änderungsrate B′(t) proportional zur Differenz zwischen der *oberen* Schranke S und dem momentanen Bestand B(t). Es gilt:
  $\mathbf{B'(t) = k \cdot (S - B(t))}$; mit $k > 0$

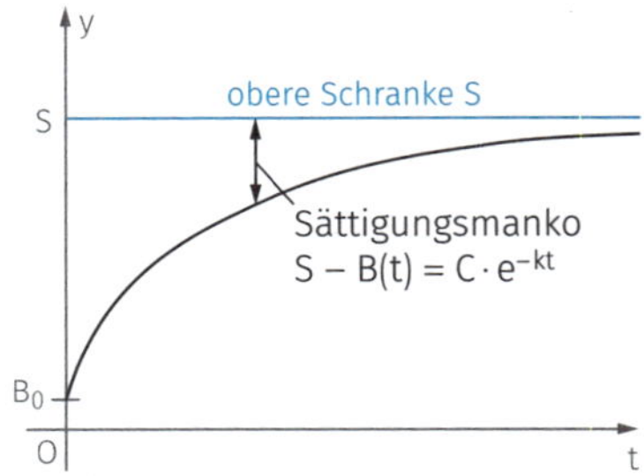

- Bei einem **beschränkten Zerfall** ist die momentante Änderungsrate B′(t) proportional zur Differenz zwischen dem momentanen Bestand B(t) und der *unteren* Schranke S. Es gilt:
  $\mathbf{B'(t) = -k \cdot (B(t) - S)}$; mit $k > 0$.
  Beim beschränkten Zerfall ist die momentane Änderungsrate B′(t) immer negativ (→ Seite 52). Daher ist der Proportionalitätsfaktor „–k“.

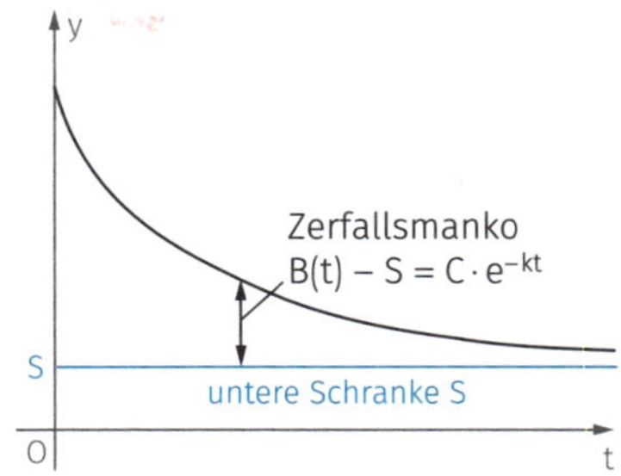

Abi Tipp

TRICK BEI $B_0 = 0$

Wenn bei einem beschränkten Wachstum der Startwert $\mathbf{B_0 = 0}$ ist, dann gilt: **S = C.**
Bei einem beschränkten Zerfall kann der Startwert nie 0 sein!

2 Statt „B(t)“ sind auch die Bezeichnungen „N(t) oder „f(t)“ üblich.

Beispiel 10: Beschränktes Wachstum

Ein regionale Firma möchte in einer Stadt mit 40 000 Einwohnern ein neues Haushaltsgerät auf den Markt bringen und startet dafür eine Werbeaktion. Im ersten Monat wurden 800 Geräte verkauft. Wie groß ist wohl der Startwert B_0? Wie viele Geräte hat die Firma nach einem Jahr verkauft, wenn die Verkaufszahlen einem beschränkten Wachstum gehorchen?

Lösung:

Zu Beginn der Werbeaktion ist logischerweise $B_0 = 0$.
Außerdem gilt laut Aufgabentext: $S = 40\,000$ und $B(1) = 800$.
Mit dem Ansatz $B(t) = S - C \cdot e^{-kt}$ erhält man: $B(t) = 40\,000 - C \cdot e^{-kt}$
Aus $B_0 = 0$ folgt: $S = C = 40\,000$ und $B(t) = 40\,000 - 40\,000 \cdot e^{-kt}$
Mit $B(1) = 800$ erhält man:

$$\begin{aligned} & 40\,000 - 40\,000 \cdot e^{-k \cdot 1} = 800 && |-40\,000 \\ \Leftrightarrow\quad & -40\,000 \cdot e^{-k \cdot 1} = -39\,200 && |:(-40\,000) \\ \Leftrightarrow\quad & e^{-k} = 0{,}98 && |\ln \\ \Leftrightarrow\quad & -k = \ln 0{,}98 \Leftrightarrow k = -\ln 0{,}98 \approx 0{,}0202 \end{aligned}$$

Damit ist $\mathbf{B(t) = 40\,000 - 40\,000 \cdot e^{-0{,}0202t}}$.
Nach 1 Jahr (= 12 Monate) gilt:
$B(12) = 40\,000 - 40\,000 \cdot e^{-0{,}0202 \cdot 12}$ **= 8610 Geräte.**

Beispiel 11: Beschränkter Zerfall

Eine siedend heiße Tasse Tee kühlt in einem Zimmer mit 25° C Raumtemperatur langsam ab. Der Temperaturverlauf des Tees folgt dabei dem Gesetz eines beschränkten Zerfalls. Nach 4 Minuten ist die Temperatur des Tees auf 70° C abgesunken.
Wie lange dauert es, bis der Tee auf 50° C abgekühlt ist?
(Hinweis: Kochendes Wasser hat eine Temperatur von 100° C.)

Lösung:

Laut Aufgabentext gilt: $S = 25°\,C$; $B_0 = 100°\,C$ und $B(4) = 70°\,C$.
Mit dem Ansatz $B(t) = S + C \cdot e^{-kt}$ erhält man: $B(t) = 25 + C \cdot e^{-kt}$
Aus $B_0 = B(0) = 100$ folgt: $25 + C \cdot e^{-0} = 100 \Leftrightarrow C = 75$
(Hinweis: Das „C" in den Temperaturangaben steht für Celsius.)
Damit ist: $B(t) = 25 + 75 \cdot e^{-kt}$. Den fehlenden k-Wert kann man mit $B(4) = 70$ berechnen:

$$\begin{aligned} & 25 + 75 \cdot e^{-k \cdot 4} = 70 && |-25 \\ \Leftrightarrow\quad & 75 \cdot e^{-k \cdot 4} = 45 && |:75 \\ \Leftrightarrow\quad & e^{-k \cdot 4} = 0{,}6 && |\ln \\ \Leftrightarrow\quad & k = -\frac{1}{4}\ln 0{,}6 \approx 0{,}128 \end{aligned}$$

Damit ist $\mathbf{B(t) = 25 + 75 \cdot e^{-0{,}128t}}$.
Wenn die Temperatur 50° C beträgt, ist $B(t) = 50$. Also muss gelten:
$25 + 75 \cdot e^{-0{,}128t} = 50 \Leftrightarrow 75 \cdot e^{-0{,}128t} = 25 \Leftrightarrow t = \frac{1}{-0{,}128} \ln \frac{1}{3} \approx 8{,}6\,\text{min}.$
Nach ca. **8,6 Minuten** ist der Tee auf 50° C abgekühlt.

Abi Tipp

DIFFERENZIALGLEICHUNG FÜR DIE PRAXIS

Die Differenzialgleichung des beschränkten Wachstums kann auch so beschrieben werden: $\mathbf{B'(t) = a - b \cdot B(t)}$, mit den Konstanten a und b. Ein Vergleich mit $B'(t) = k \cdot [S - B(t)] = \mathbf{k \cdot S - k} \cdot B(t)$ ergibt: $\mathbf{k \cdot S} = \mathbf{a}$ und $\mathbf{k} = \mathbf{b}$. Daraus folgt: $\mathbf{S = \frac{a}{b}}$

Die Gleichung $B'(t) = a - b \cdot B(t)$ bedeutet anschaulich, dass sich die momentane Änderungsrate $B'(t)$ aus einer konstanten Zunahme a und einer Abnahme $b \cdot B(t)$ zusammensetzt, die proportional zum jeweiligen Wert $B(t)$ ist. Dies spielt beim Befüllen eines Behälters mit Abfluss eine Rolle (→ Beispiel 11).

Beispiel 12: Befüllen eines Behälters

In einem 1000 Liter-Behälter mit einem Zufluss und einem Abfluss befinden sich zu Beginn 200 Liter Wasser.
Einerseits fließen pro Minute 15 Liter zu, andererseits beträgt die momentane Abflussrate 2 % des jeweiligen Inhalts pro Minute.
Dieser Vorgang wird durch die Differenzialgleichung $B'(t) = a - b \cdot B(t)$ beschrieben.

- Wie viel Wasser befindet sich langfristig in dem Behälter?
- Wann ist der Behälter zur Hälfte gefüllt?

Lösung:

Laut Aufgabenstellung ist $a = 15 \frac{l}{min}$ und $b = 0{,}02 \frac{1}{min}$.

Mit $S = \frac{a}{b}$ erhält man: Schranke $S = \frac{15}{0{,}02} = 750$ Liter.

Langfristig befinden sich also **750 Liter** Wasser in dem Behälter.

Einsetzen von $S = 750$ und $k = b = 0{,}02$ in den Ansatz $B(t) = S - C \cdot e^{-kt}$ (beschränktes Wachstum) ergibt:

$B(t) = 750 - C \cdot e^{-0{,}02 \cdot t}$

Den fehlenden C-Wert kann man mit der Bedingung $B(0) = 200$ berechnen:

$750 - C \cdot e^{-0{,}02 \cdot 0} = 200$

$\Leftrightarrow \quad 750 - C = 200 \quad |-750$

$\Leftrightarrow \quad -C = -550 \quad |\cdot(-1)$

$\Leftrightarrow \quad C = 550$

Damit lautet die Wachstumsfunktion: $\mathbf{B(t) = 750 - 550 \cdot e^{-0{,}02 \cdot t}}$

Der Behälter ist dann zur Hälfte gefüllt, wenn $B(t) = 500$ ist.

Also muss gelten:

$$
\begin{aligned}
& 750 - 550 \cdot e^{-0{,}02 \cdot t} = 500 && |-750 \\
\Leftrightarrow\quad & -550 \cdot e^{-0{,}02 \cdot t} = -250 && |:(-550) \\
\Leftrightarrow\quad & e^{-0{,}02 \cdot t} = \frac{250}{550} && |\ln \\
\Leftrightarrow\quad & -0{,}02\,t = \ln\frac{250}{550} && |:(-0{,}02) \\
\Leftrightarrow\quad & t = \frac{1}{-0{,}02}\ln\frac{250}{550} \approx 39{,}4 \text{ min}
\end{aligned}
$$

Der Behälter ist also nach ca. **39,4 Minuten** zur Hälfte gefüllt.

EXPONENTIALFUNKTIONEN — Checkliste

Folgende Fragen sollten Sie nun mühelos beantworten können:

- Wie verlaufen die Graphen der Funktionen f und g mit $f(x) = e^x$ und $g(x) = e^{-x}$?
- Welche Werte haben e^0 und $\ln 1$?
- Wie kann man Terme der Art $\ln(e^a)$; $e^{\ln(a)}$; $e^a \cdot e^b$; $\frac{e^a}{e^b}$ und $(e^x)^a$ jeweils umformen?
- Wie stellt man eine Gleichung der Art $e^{ax} = c$ nach x um?
- Welchen Grenzwert erhält man jeweils bei den Ausdrücken $\lim\limits_{x \to -\infty} x^n \cdot e^x$; $\lim\limits_{x \to +\infty} \frac{x^n}{e^x}$; $\lim\limits_{x \to +\infty} \frac{e^x}{x^n}$; $\lim\limits_{x \to +\infty} x^n - e^x$ (mit $n > 0$)?
- Wie verläuft der Graph der Funktion f mit $f(x) = \ln x$?
- Welche Bedingung müssen die x-Werte der Definitionsmenge einer Funktion f mit $f(x) = \ln(g(x))$ erfüllen?
- Wie lautet jeweils die allgemeine Funktionsgleichung eines *exponentiellen* Wachstums bzw. Zerfalls?
- Wie kann man bei einem exponentiellen Wachstum bzw. Zerfall die Konstante k in $B(t) = B_0 \cdot e^{k \cdot t}$ bestimmen, wenn man den Wachstums- bzw. Zerfallsfaktor a kennt?
- Welcher Zusammenhang besteht zwischen dem Wachstums- bzw. Zerfallsfaktor a und der prozentualen Veränderung p % bei einem exponentiellen Wachstum bzw. Zerfall?
- Wie kann man bei einem exponentiellen Wachstum bzw. Zerfall die Konstante k in $B(t) = B_0 \cdot e^{k \cdot t}$ bestimmen, wenn man die Verdoppelungszeit bzw. die Halbwertszeit kennt?
- Wie lautet jeweils die allgemeine Funktionsgleichung eines *beschränkten* Wachstums bzw. Zerfalls?
  Was bedeuten darin die einzelnen Variablen?
- Wie bestimmt man anhand geeigneter Angaben die Funktionsgleichung eines beschränkten Wachstums bzw. Zerfalls?

6

SINUS- UND KOSINUSFUNKTIONEN

Eigenschaften von $y = \sin(x)$ und $y = \cos(x)$

Zentrale Kenntnisse

- Das **Bogenmaß x** ist die Bogenlänge eines Winkels α im **Einheitskreis** (→ Abb.).
  Der Wert von x wird *positiv* gewertet, wenn man die Bogenlänge x von $E(1\,|\,0)$ aus *entgegen* dem Uhrzeigersinn abträgt.
  Der Wert von x wird *negativ* gewertet, wenn man x von $E(1\,|\,0)$ aus *im* Uhrzeigersinn abträgt.

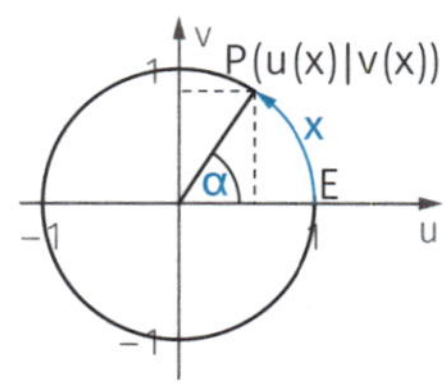

- Für die Koordinaten des Punkts $P(u(x)\,|\,v(x))$ auf dem Einheitskreis gilt: $u(x) = \cos(x)$ und $v(x) = \sin(x)$.
  Dadurch werden die **Sinusfunktion** $\mathbf{y = \sin(x)}$ und die **Kosinusfunktion** $\mathbf{y = \cos(x)}$ definiert mit $\mathbf{x \in \mathbb{R}}$. Die Sinus- und Kosinusfunktion gehören zur Klasse der **trigonometrischen Funktionen**.

- Die **Funktionswerte** von $y = \sin(x)$ und $y = \cos(x)$ bewegen sich periodisch zwischen den Werten -1 und $+1$.
  Der **Wertebereich** ist jeweils $\mathbf{-1 \leq y \leq +1}$.

- Die **Periode** der Sinus- und Kosinusfunktion ist jeweils $\mathbf{P = 2\pi}$.
  Es gilt: $\mathbf{\sin(x) = \sin(x \pm n \cdot 2\pi)}$
  und $\mathbf{\cos(x) = \cos(x \pm n \cdot 2\pi)}$ mit $n \in \mathbb{N}$.

- Die **Nullstellen der Sinusfunktion** $y = \sin(x)$ sind: $x_n = \pm\, n \cdot \pi$
  Die **Nullstellen der Kosinusfunktion** $y = \cos(x)$ sind: $x_n = \frac{\pi}{2} \pm n \cdot \pi$

- **Schaubild** der Sinusfunktion:

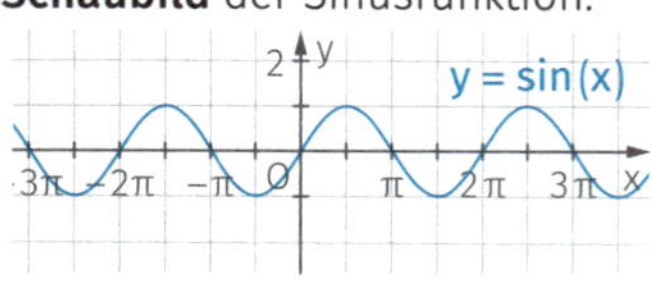

- **Schaubild** der Kosinusfunktion:

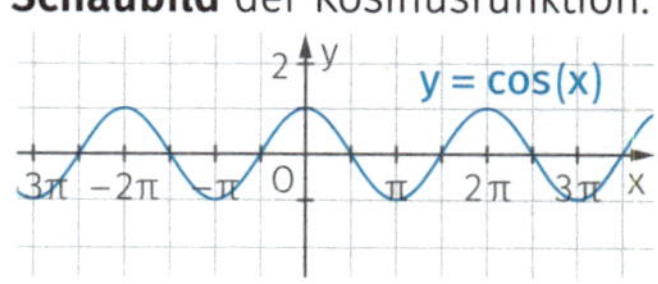

GRAD- UND BOGENMASS IM TASCHENRECHNER

- Die Werte der **x-Variable** in den trigonometrischen Funktionen $y = \sin(x)$ und $y = \cos(x)$ stehen für *Bogen*maß und *nicht* für Gradmaß (→ Seite 42). Bei Berechnungen mit trigonometrischen Funktionen muss man daher den **Taschenrechner auf „RAD“** (engl.: „radial“) einstellen. Sonst erhält man völlig falsche Werte!
- Hingegen ist **in der Geometrie** das *Grad*maß zur Angabe von Winkelgrößen üblich. Dazu muss man den **Taschenrechner auf „DEG“** (engl. „degree“) einstellen.
- Der Winkel 360° hat in Bogenmaß den Wert 2π. Von Hand kann man Gradmaß und Bogenmaß mithilfe einer Dreisatzrechnung ineinander umrechnen, wenn man von $\mathbf{180° = \pi}$ bzw. $\mathbf{\pi = 180°}$ ausgeht.

Beispiel 1:
Berechnen Sie mit dem Taschenrechner die Werte $y = \sin(0{,}5)$; $y = \sin(2{,}5\pi)$ und $\cos(-4{,}5\pi)$.
Lösung:
$\sin(0{,}5) = 0{,}479$; $\sin(2{,}5\pi) = 1$ und $\cos(-4{,}5\pi) = 0$.

Abi Tipp

MARKANTE STELLEN VON SINUS UND KOSINUS

Die Graphen von $y = \sin(x)$ und $y = \cos(x)$ sollte man skizzieren können, und die Lage ihrer Nullstellen und Hoch- und Tiefpunkte sollte man **auswendig wissen!** Wer sich dies nicht merken kann, sollte zumindest wissen, wo man diese markanten Stellen in der Formelsammlung nachschlagen kann.

Beispiel 2:
Die beiden Schaubilder zeigen die Graphen von $y = \sin(x)$ und $y = \cos(x)$. Geben Sie die Koordinaten der markierten Punkte an.

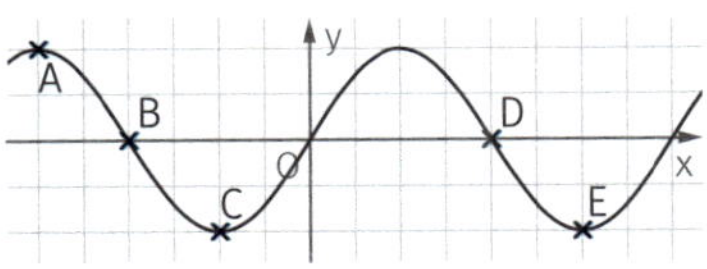

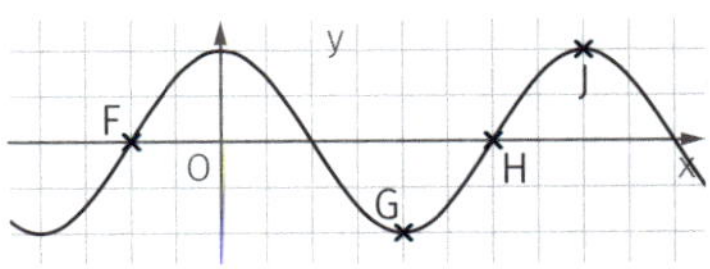

Lösung:
$A\left(-\frac{3\pi}{2}\middle|1\right)$; $B(-\pi|0)$; $C\left(-\frac{\pi}{2}\middle|-1\right)$; $D(\pi|0)$; $E\left(\frac{3\pi}{2}\middle|-1\right)$; $F\left(-\frac{\pi}{2}\middle|0\right)$; $G(\pi|-1)$; $H\left(\frac{3\pi}{2}\middle|0\right)$; $J(2\pi|1)$

Die Lösungen der Gleichungen $\sin(x) = \pm 1$ und $\cos(x) = \pm 1$

Zentrale Kenntnisse

- Die **Lösungen von $\sin(x) = +1$** sind die x-Koordinaten aller Hochpunkte des Graphen von $y = \sin(x)$. Man erhält: $x_n = \frac{\pi}{2} \pm n \cdot 2\pi$; mit $n \in \mathbb{N}$

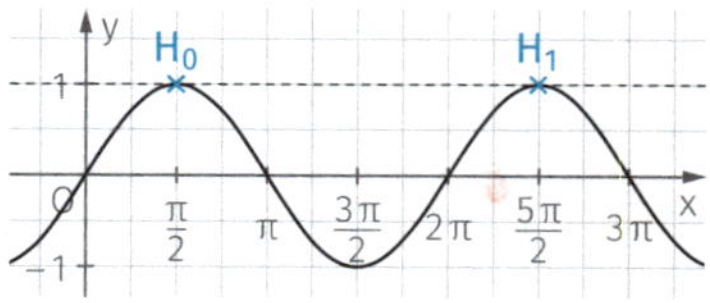

- Die **Lösungen von $\sin(x) = -1$** sind die x-Koordinaten aller Tiefpunkte des Graphen von $y = \sin(x)$. Man erhält: $x_n = \frac{3\pi}{2} \pm n \cdot 2\pi$; mit $n \in \mathbb{N}$

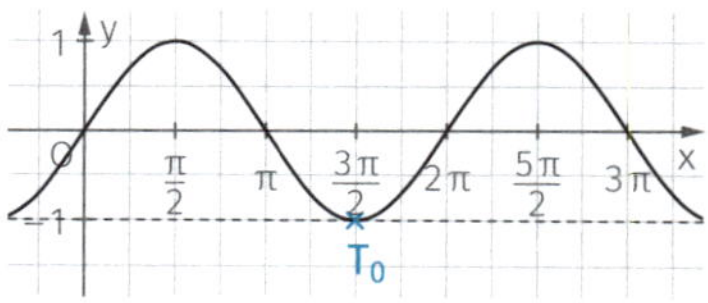

- Die **Lösungen von $\cos(x) = +1$** sind die x-Koordinaten aller Hochpunkte des Graphen von $y = \cos(x)$. Man erhält: $x_n = \pm n \cdot 2\pi$; mit $n \in \mathbb{N}$

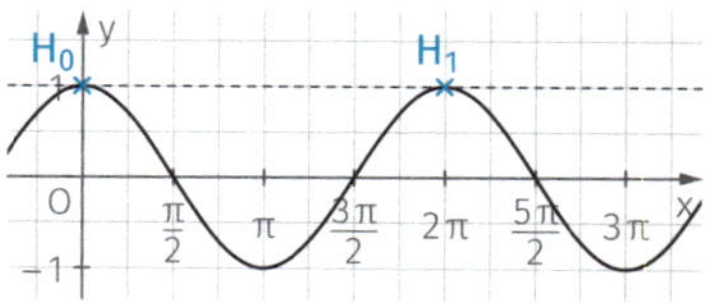

- Die **Lösungen von $\cos(x) = -1$** sind die x-Koordinaten aller Tiefpunkte des Graphen von $y = \cos(x)$. Man erhält: $x_n = \pi \pm n \cdot 2\pi$; mit $n \in \mathbb{N}$

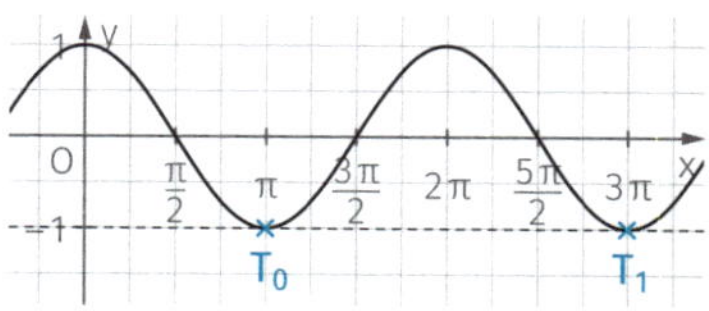

Beispiel 3:

Geben Sie im Intervall $[-2\pi; +2\pi]$ alle Lösungen der Gleichung $\sin(x) = -1$ an.

Lösung:

Mit der Formel $x_n = \frac{3\pi}{2} \pm n \cdot 2\pi$ erhält man im Intervall $[-2\pi; +2\pi]$:

$x_0 = \frac{3\pi}{2}$ und $x_1 = \frac{3\pi}{2} - 1 \cdot 2\pi = -\frac{\pi}{2}$.

Weitere mögliche Lösungen liegen nicht im angegebenen Intervall.

Die Funktion $y = a \cdot \sin\big(b(x-c)\big) + d$

Zentrale Kenntnisse

- Der Graph der Funktion $\mathbf{y = a \cdot \sin(x)}$ geht aus dem Graphen der Funktion $y = \sin(x)$ durch Streckung bzw. Stauchung mit dem Faktor a in y-Achsenrichtung hervor (→ Seite 12).
  Bei Sinus- und Kosinusfunktionen nennt man den Faktor a auch **Amplitude**.
- Der Graph der Funktion $\mathbf{y = \sin(b \cdot x)}$ geht aus dem Graphen der Funktion $y = \sin(x)$ durch Stauchung bzw. Streckung in x-Achsenrichtung hervor (→ Seite 14).
  Bei $b < 0$ muss man zusätzlich an der y-Achse spiegeln.
  Die Periode der Funktion $y = \sin(b \cdot x)$ ist $\mathbf{P = \left|\frac{2\pi}{b}\right|}$.
- Der Graph der Funktion $\mathbf{y = \sin(x-c)}$ geht aus dem Graphen der Funktion $y = \sin(x)$ durch Verschieben in x-Achsenrichtung hervor; und zwar
  um $|c|$ Längeneinheiten nach rechts bei $c > 0$, und
  um $|c|$ Längeneinheiten nach links bei $c < 0$ (→ Seite 11).
- Der Graph der Funktion $\mathbf{y = \sin(x) + d}$ geht aus dem Graphen der Funktion $y = \sin(x)$ durch Verschieben in y-Achsenrichtung hervor; und zwar
  um $|d|$ Längeneinheiten nach oben bei $d > 0$, und
  um $|d|$ Längeneinheiten nach unten bei $d < 0$ (→ Seite 11).
- Der Graph der Funktion
  $\mathbf{y = a \cdot \sin\big(b(x-c)\big) + d}$
  mit $a, b, c, d \in \mathbb{R}$ und $b > 0$ sieht aus wie rechts gezeigt.
  In der Abbildung sind $c > 0$ und $d > 0$.
  Für die Periode gilt: $P = \frac{2\pi}{b}$.

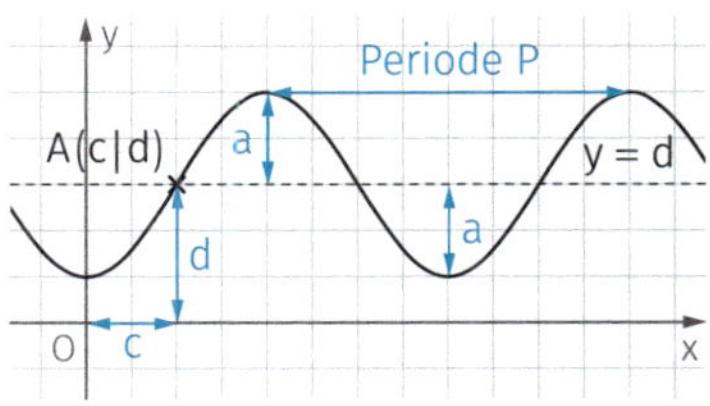

Abi Tipp

AUFSTELLEN DER FUNKTIONSGLEICHUNG BELIEBIGER SINUSFUNKTIONEN

Anhand des Graphen einer beliebigen Sinusfunktion kann man folgendermaßen die zugehörige **Funktionsgleichung aufstellen:**

1. Zunächst sollte man die waagrechte „Mittellinie“ einzeichnen, um die der Graph schwingt. Der Abstand eines Hoch- bzw. Tiefpunkts von der Mittellinie ist dann die **Amplitude a.**
2. Anschließend bestimmt man den Abstand zweier benachbarter Hochpunkte bzw. Tiefpunkte. Das ist die Periode P. Mit der Gleichung $P = \frac{2\pi}{b} \Leftrightarrow b = \frac{2\pi}{P}$ erhält man so den **Wert von b.**
3. An den Koordinaten des Punktes **A(c|d)** (→ Abbildung oben) kann man die Werte für die **Verschiebung c** in x-Achsenrichtung und für die **Verschiebung d** in y-Achsenrichtung ablesen. Der Punkt A muss auf der „Mittellinie“ liegen, und zwar genau dort, wo der Graph der Sinusfunktion eine positive Steigung hat.

Beispiel 4:

Geben Sie für den abgebildeten Graphen eine geeignete Funktionsgleichung an und beschreiben Sie, wie dieser Graph aus dem Graphen der Funktion $y = \sin(x)$ hervorgeht.

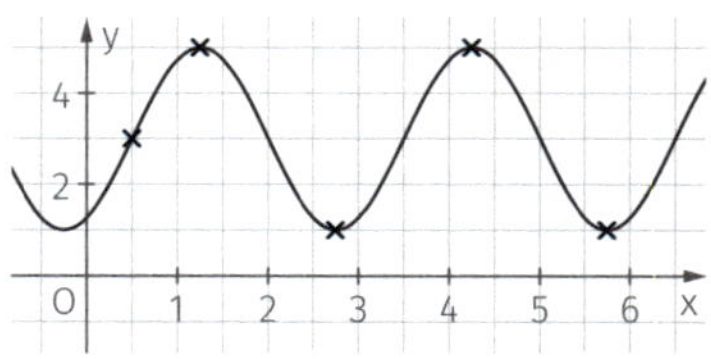

Lösung:

Die Amplitude ist $a = 2$.

Die Periode ist $P = 3$.

Damit folgt: $b = \frac{2\pi}{3}$.

Mit $A(0{,}5\,|\,3)$ erhält man:

$c = 0{,}5$ und $d = 3$.

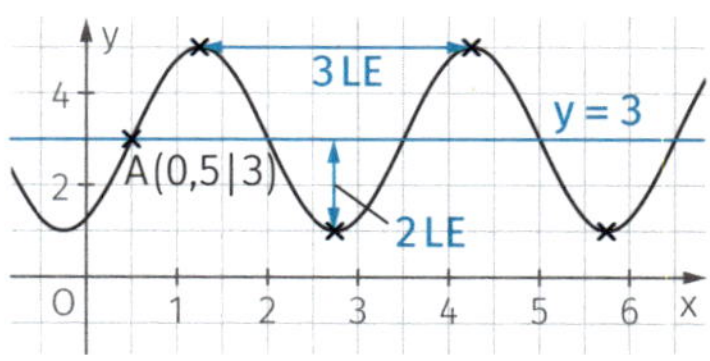

Eine mögliche Funktionsgleichung ist: $\mathbf{f(x) = 2 \cdot \sin\left(\frac{2\pi}{3}(x - 0{,}5)\right) + 3}$

Entwicklung aus dem Graphen von $y = \sin(x)$:

1. Strecken in y-Achsenrichtung mit dem Faktor 2.
2. Stauchen in x-Achsenrichtung mit dem Faktor $\frac{2\pi}{3}$.
3. Verschieben um 0,5 LE nach rechts.
4. Verschieben um 3 LE nach oben.

Die Funktion $y = a \cdot \cos\big(b(x - c)\big) + d$

Zentrale Kenntnisse

- Der Graph der Funktion $\mathbf{y = a \cdot \cos(x)}$ geht aus dem Graphen der Funktion $y = \cos(x)$ durch Streckung bzw. Stauchung mit dem Faktor a in y-Achsenrichtung hervor (→ Seite 12).
  Bei Sinus- und Kosinusfunktionen nennt man den Faktor a auch **Amplitude**.
- Der Graph der Funktion $\mathbf{y = \cos(b \cdot x)}$ geht aus dem Graphen der Funktion $y = \cos(x)$ durch Stauchung bzw. Streckung in x-Achsenrichtung hervor (→ Seite 14).
  Die Periode der Funktion $y = \cos(b \cdot x)$ ist $\mathbf{P = \left|\frac{2\pi}{b}\right|}$.
- Der Graph der Funktion $\mathbf{y = \cos(x - c)}$ geht aus dem Graphen der Funktion $y = \cos(x)$ durch Verschieben in x-Achsenrichtung hervor; und zwar
  um $|c|$ Längeneinheiten nach rechts bei $c > 0$, und
  um $|c|$ Längeneinheiten nach links bei $c < 0$ (→ Seite 11).
- Der Graph der Funktion $\mathbf{y = \cos(x) + d}$ geht aus dem Graphen der Funktion $y = \cos(x)$ durch Verschieben in y-Achsenrichtung hervor; und zwar
  um $|d|$ Längeneinheiten nach oben bei $d > 0$, und
  um $|d|$ Längeneinheiten nach unten bei $d < 0$ (→ Seite 11).
- Der Graph der Funktion
  $\mathbf{y = a \cdot \cos\big(b(x - c)\big) + d}$
  mit $a, b, c, d \in \mathbb{R}$ und $b > 0$ ist rechts abgebildet.
  In der Abbildung sind $c > 0$ und $d > 0$.
  Für die Periode gilt: $P = \frac{2\pi}{b}$.

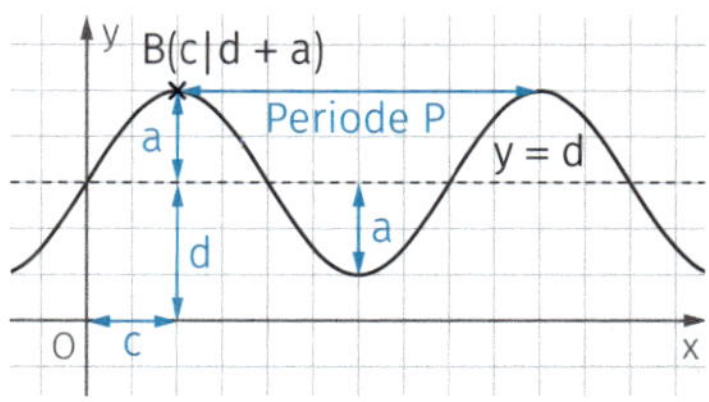

Abi Tipp

AUFSTELLEN DER FUNKTIONSGLEICHUNG BELIEBIGER KOSINUSFUNKTIONEN

Wenn man anhand des Graphen einer beliebigen Kosinusfunktion die zugehörige **Funktionsgleichung aufstellen** will, geht man genauso vor wie dies oben bei einer beliebigen Sinusfunktion beschrieben ist (→ Seite 46).

Der einzige Unterschied zu einer Sinusfunktion ist, dass man nun die Koordinaten eines Hochpunkts $B(c\,|\,d+a)$ betrachten muss, um die Werte von c und d bestimmen zu können.

Alternativ dazu kann der Wert von d auch der Gleichung der „Mittellinie" $y = d$ entnommen werden (→ Beispiel 5).

Beispiel 5:

Geben Sie für den abgebildeten Graphen eine geeignete Funktionsgleichung an und beschreiben Sie, wie der Graph aus dem Graphen der Funktion $y = \cos(x)$ hervorgeht.

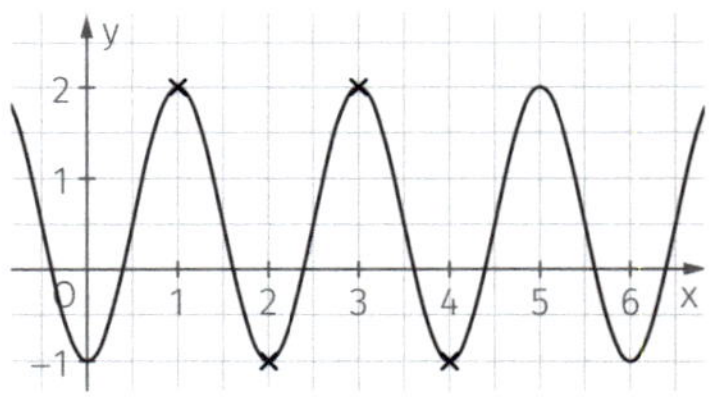

Lösung:

Die Amplitude ist $a = 1{,}5$.

Die Periode ist $P = 2$.

Damit folgt: $b = \frac{2\pi}{2} = \pi$.

Mit $B(1\,|\,2)$ erhält man: $c = 1$

Die Gleichung der „Mittellinie" ist $y = 0{,}5$. Damit ist $d = 0{,}5$.

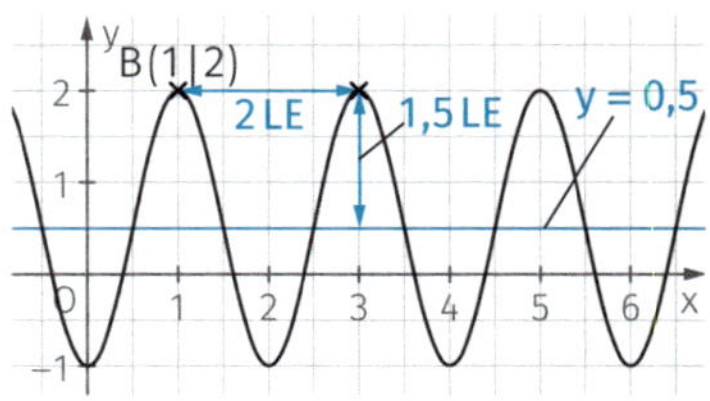

Eine mögliche Funktionsgleichung ist: $\mathbf{f(x) = 1{,}5 \cdot \cos\big(\pi(x-1)\big) + 0{,}5}$

Entwicklung aus dem Graphen von $y = \cos(x)$:

1. Strecken in y-Achsenrichtung mit dem Faktor 1,5.
2. Stauchen in x-Achsenrichtung mit dem Faktor π.
3. Verschieben um 1 LE nach rechts.
4. Verschieben um 0,5 LE nach oben.

Abi Tipp

SINUS UND KOSINUS INEINANDER UMWANDELN

Die Graphen der Funktionen $y = a \cdot \sin(b(x - c)) + d$ und $y = a \cdot \cos(b(x - c)) + d$ sind um die viertel Periode $\frac{P}{4} = \frac{\pi}{2b}$ gegeneinander verschoben.

Man kann daher jede Sinusfunktion auch in eine Kosinusfunktion umwandeln und umgekehrt, indem man in den Funktionsterm eine Verschiebung um $+\frac{\pi}{2b}$ in x-Achsenrichtung „einbaut" (→ Seite 11).

Es gilt:

$\sin(b(x - c)) = \cos\left(b\left(x - \frac{\pi}{2b} - c\right)\right)$

und umgekehrt

$\cos(b(x - c)) = \sin\left(b\left(x + \frac{\pi}{2b} - c\right)\right)$.

SINUS- UND KOSINUSFUNKTIONEN — Checkliste

Folgende Fragen sollten Sie nun mühelos beantworten können:

- → Was bedeutet das Bogenmaß?
- → Wie kann man Bogenmaß und Gradmaß ineinander umrechnen?
- → Wie muss man den Taschenrechner einstellen, wenn man mit trigonometrischen Funktionen rechnet?
- → Wie sehen die Graphen der Funktionen $y = \sin(x)$ und $y = \cos(x)$ aus und wo befinden sich ihre Nullstellen und ihre Hoch- bzw. Tiefpunkte?
- → Wie kann man die Lösungen der Gleichungen $\sin(x) = \pm 1$ und $\cos(x) = \pm 1$ anhand der Graphen von $y = \sin(x)$ und $y = \cos(x)$ bestimmen?
- → Welchen Einfluss haben die Parameter a, b, c und d auf die Graphen der Funktionen $y = a \cdot \sin(b(x - c)) + d$ und $y = a \cdot \cos(b(x - c)) + d$?
- → Wie geht man vor, um für den Graphen einer beliebigen Sinus- bzw. Kosinusfunktion eine entsprechende Funktionsgleichung aufzustellen?

7

WURZEL- UND BETRAGSFUNKTIONEN

Definition und Eigenschaften

Zentrale Kenntnisse

- Die einfachsten Wurzelfunktionen sind die **Quadratwurzelfunktion**[1] **f** mit $f(x) = \sqrt{x}$ und die **Kubikwurzelfunktion g** mit $g(x) = \sqrt[3]{x}$.
- Die **Definitionsmenge** der Quadratwurzelfunktion ist $\mathbf{D_f = \mathbb{R}_0^+}$. Die **Definitionsmenge** der Kubikwurzelfunktion ist $\mathbf{D_f = \mathbb{R}}$.

Graph von $f(x) = \sqrt{x}$:

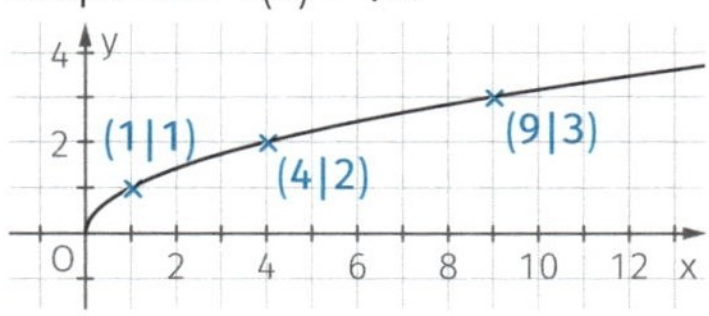

Graph von $g(x) = \sqrt[3]{x}$:

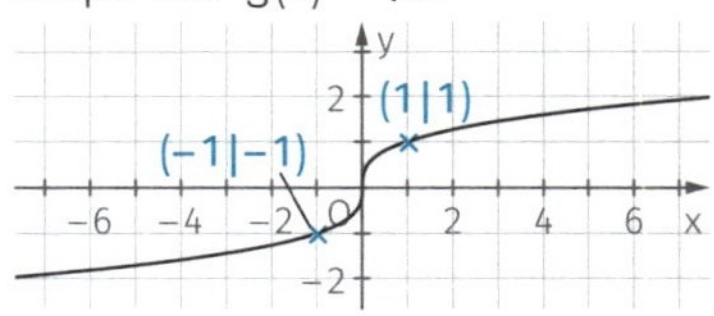

- Die **n-te Wurzel von x** (mit $n \in \mathbb{N}$) ist diejenige Zahl $z = \sqrt[n]{x}$, für die gilt: $z^n = x$. Bei geraden n muss $x \geq 0$ und $z \geq 0$ sein.
- Wurzelfunktionen mit dem **Funktionsterm** $\mathbf{f(x) = \sqrt{r(x)}}$ sind nur für solche x-Werte definiert, für die der Radikand $r(x) \geq 0$ ist.
- Eine Funktion f mit $f(x) = |g(x)|$ wird als **Betragsfunktion** bezeichnet. Die Betragsstriche machen aus jedem negativen Wert von g(x) einen positiven Wert. Betragsfunktionen müssen immer **abschnittsweise betrachtet** werden. Für $f(x) = |g(x)|$ gilt: $f(x) = \begin{cases} g(x); & \text{für } g(x) \geq 0 \\ -g(x); & \text{für } g(x) < 0 \end{cases}$

Abi Tipp

ABLEITEN EINER WURZELFUNKTION

Zum Ableiten einer Quadrat- bzw. Kubikwurzelfunktion sollte man den Funktionsterm jeweils so umschreiben:
$f(x) = \sqrt{x} = x^{\frac{1}{2}}$ bzw. $g(x) = \sqrt[3]{x} = x^{\frac{1}{3}}$.
Dann kann man mithilfe der Potenzregel ableiten (→ Seite 52).

---

1 Bei der Quadratwurzel lässt man die „2" in der Regel weg und schreibt nur $\sqrt{x}$, nicht $\sqrt[2]{x}$.

Beispiel 1:

Welche der folgenden Wurzelterme sind in IR definiert und welche nicht? Berechnen Sie den Wert der definierten Wurzelterme mithilfe des Taschenrechners oder im Kopf, falls möglich.

$\sqrt[3]{-8}$; $\sqrt{-1}$; $\sqrt{-4}$; $\sqrt[3]{64}$; $\sqrt[3]{-1}$; $\sqrt{0}$; $\sqrt{8}$

Lösung:

Nicht definiert in ℝ sind: $\sqrt{-1}$ und $\sqrt{-4}$. Für die anderen Terme gilt:

$\sqrt[3]{-8} = -2$; $\sqrt[3]{64} = 4$; $\sqrt[3]{-1} = -1$; $\sqrt{0} = 0$; $\sqrt{8} \approx 2{,}83$

Beispiel 2:

Drücken Sie die Funktion f mit $f(x) = |-0{,}5x + 2|$ ohne Betragstriche aus und skizzieren Sie den Graphen von f.

Lösung:

Es ist: $-0{,}5x + 2 \geq 0 \Leftrightarrow x \leq 4$ und $-0{,}5x + 2 < 0 \Leftrightarrow x > 4$.

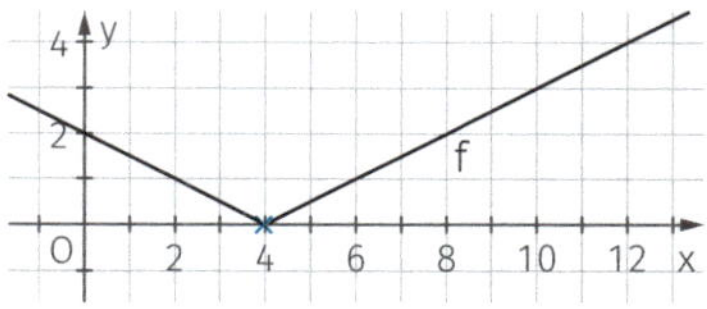

Man beachte: Wenn man eine Ungleichung mit einer negativen Zahl multipliziert oder durch eine dividiert, dreht sich das Ungleichzeichen um.

Mit $-(-0{,}5x + 2) = 0{,}5x - 2$ erhält man die Darstellung ohne Betragsstriche: $f(x) = \begin{cases} -0{,}5x + 2; & \text{für } x \leq 4 \\ 0{,}5x - 2; & \text{für } x > 4 \end{cases}$

Der Graph von f hat bei $x = 4$ einen Knick.

Abi Tipp

DER GRAPH EINER BERTAGSFUNKTION

Den Graphen einer Betragsfunktion f mit $f(x) = |g(x)|$ kann man auch erstellen, indem man alle Abschnitte des Graphen von g, die unterhalb der x-Achse verlaufen, an der x-Achse spiegelt; also „nach oben klappt“.

WURZEL- UND BETRAGSFUNKTIONEN — Checkliste

Folgende Fragen sollten Sie nun mühelos beantworten können:

→ Was ist jeweils die Definitionsmenge der Quadrat- bzw. der Kubikwurzelfunktion?

→ Wie geht man vor, um eine Betragsfunktion ohne Betragsstriche darzustellen?

8

DIFFERENZIALRECHNUNG

Die Ableitung

Zentrale Kenntnisse

- Der **Differenzenquotient** $\frac{\Delta y}{\Delta x} = \frac{f(x) - f(x_0)}{x - x_0}$ ist die Steigung der Sekante zwischen dem Punkt $P(x_0 | f(x_0))$ und einem anderen beliebigen Punkt $Q(x | f(x))$ auf dem Graphen einer Funktion f.

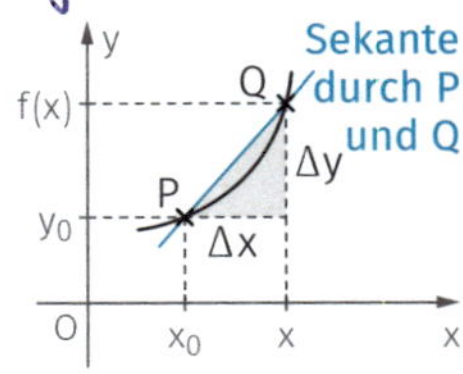

- Nähert man den Punkt $Q(x | f(x))$ dem Punkt $P(x_0 | f(x_0))$ immer weiter an, erhält man den Grenzwert des Differenzenquotienten; nämlich den **Differenzialquotienten** $f'(x_0) = \lim\limits_{x \to x_0} \frac{f(x) - f(x_0)}{x - x_0} = \lim\limits_{h \to 0} \frac{f(x_0 + h) - f(x_0)}{h}$.

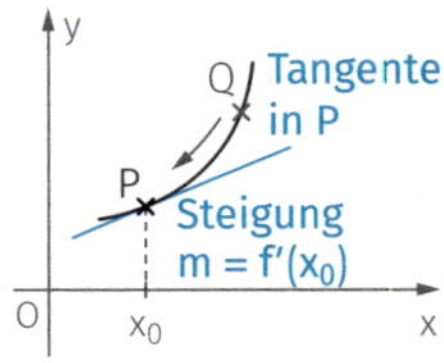

- $f'(x_0)$ wird **die Ableitung von f** an der Stelle x_0 genannt. Sie ist die **Steigung m der Tangente im Punkt $P(x_0 | f(x_0))$.**
- Die **Grundfunktionen und ihre Ableitungen** sind:

$f(x) = c$; mit $c \in \mathbb{R} \Rightarrow f'(x) = 0$	$f(x) = e^x \Rightarrow f'(x) = e^x$
$f(x) = x \Rightarrow f'(x) = 1$	$f(x) = \ln(x)$ mit $x \in \mathbb{R}^+ \Rightarrow f'(x) = \frac{1}{x}$
$f(x) = x^r$; mit $r \in \mathbb{R} \Rightarrow f'(x) = r \cdot x^{r-1}$ (Potenzregel)	$f(x) = \sin(x) \Rightarrow f'(x) = \cos(x)$
$f(x) = \sqrt{x} \Rightarrow f'(x) = \frac{1}{2\sqrt{x}}$ mit $x > 0$	$f(x) = \cos(x) \Rightarrow f'(x) = -\sin(x)$

Abi Tipp

ABLEITEN VON $f(x) = \frac{1}{x^n}$

Funktionsgleichungen der Art $f(x) = \frac{1}{x^n}$ mit $n \in \mathbb{N}$ sollte man zum Ableiten umschreiben zu $f(x) = x^{-n}$. Anschließend kann man die **Potenzregel** anwenden. Man erhält: $f'(x) = -n \cdot x^{-n-1} = -\frac{n}{x^{n+1}}$

Beispiel 1:
Gegeben ist die Funktion f mit $f(x) = x^3$. Bestimmen Sie die Steigung der Tangente an den Graphen von f im Punkt $A(-2|-8)$.
Lösung:
Es ist $f'(x) = 3x^2$. Damit ist $m = f'(-2) = 3 \cdot (-2)^2 = 12$.

Beispiel 2:
Gegeben ist die Funktion f mit $f(x) = \sin(x)$. In welchem Punkt des Intervalls $[0; 2\pi]$ hat der Graph von f die Steigung -1?
Lösung:
Es ist $f'(x) = \cos(x)$. Es soll also gelten $\cos(x) = -1$.
Man erhält $x = \pi$ (→ Seite 44).
Damit ist der gesuchte Punkt $P(\pi|f(\pi)) = P(\pi|\sin(\pi)) = \mathbf{P(\pi|0)}$.

Allgemeine Ableitungsregeln

Zentrale Kenntnisse

- Die **Faktorregel:** $f(x) = a \cdot g(x) \Rightarrow f'(x) = a \cdot g'(x)$; mit $a \in \mathbb{R}$
  In Worten: Ein konstanter Faktor bleibt beim Ableiten erhalten.
- Die **Summenregel:** $f(x) = g(x) \pm h(x) \Rightarrow f'(x) = g'(x) \pm h'(x)$
  In Worten: Eine Summe wird summandenweise abgeleitet.
- Die **Produktregel:** $f(x) = u(x) \cdot v(x) \Rightarrow f'(x) = u'(x) \cdot v(x) + u(x) \cdot v'(x)$
- Die **Kettenregel:**[1] $f(x) = u(v(x)) \Rightarrow f'(x) = u'(v(x)) \cdot v'(x)$

Abi Tipp

DIE RICHTIGE REGEL ERKENNEN

- Die **Produktregel** muss man immer dann anwenden, wenn zwischen zwei Termen, die die Funktionsvariable enthalten, ein Malzeichen steht.
- Die **Kettenregel** muss man vor allem bei Funktionen der Art $f(x) = [v(x)]^n$; $f(x) = \sin(v(x))$; $f(x) = \cos(v(x))$; $f(x) = \ln(v(x))$; $f(x) = e^{v(x)}$ und $f(x) = \sqrt{v(x)}$ anwenden.
  Darin ist der Term $v(x)$ jeweils der „innere" Term.
- Beim Ableiten müssen auch sehr oft **mehrere Ableitungsregeln gleichzeitig** angewendet werden (→ Beispiele 3 und 6).

1 Etwas unmathematisch: *„äußere Ableitung $u'(v(x))$ mal innere Ableitung $v'(x)$.*

Beispiel 3: Faktor- und Summenregel
Gegeben ist die Funktion f mit $f(x) = 4x^2 + 5e^x$.
Bestimmen Sie die erste Ableitung von f.
Lösung:
$f'(x) = 2 \cdot 4x + 5e^x = 8x + 5e^x$

Beispiel 4: Produktregel
Gegeben ist die Funktion f mit $f(x) = x^2 \cdot \sin(x)$.
Bestimmen Sie die erste Ableitung von f.
Lösung:
Mit $u(x) = x^2$ und $v(x) = \sin(x)$ folgt: $u'(x) = 2x$ und $v'(x) = -\cos(x)$
Mit der Produktregel erhält man:
$f'(x) = 2x \cdot \sin(x) + x^2 \cdot (-\cos(x)) = 2x \cdot \sin(x) - x^2 \cdot \cos(x)$

Beispiel 5: Kettenregel
Geben Sie von der Funktion f jeweils die erste Ableitung an:
a) $f(x) = e^{2x+1}$ b) $f(x) = (x^2 - 1)^3$ c) $f(x) = \cos(3x^2)$
Lösung:
a) $f'(x) = e^{2x+1} \cdot 2 = 2e^{2x+1}$;
äußerer Term = $e^{(...)}$; innerer Term = $2x + 1$
b) $f'(x) = 3(x^2 - 1)^2 \cdot 2x = 6x(x^2 - 1)^2$
äußerer Term = $(....)^3$; innerer Term = $x^2 - 1$
c) $f'(x) = -\sin(3x^2) \cdot 6x = -6x \cdot \sin(3x^2)$
äußerer Term = $\cos(....)$; innerer Term = $3x^2$

Beispiel 6: Potenz- und Faktorregel, Produkt- und Kettenregel
Gegeben ist die Funktion f mit $f(x) = 2x^3 \cdot e^{2x}$.
Bestimmen Sie die erste Ableitung von f.
Lösung:
Mit $u(x) = 2x^3$ und $v(x) = e^{2x}$ folgt: $u'(x) = 6x^2$ und $v'(x) = 2e^{2x}$
Mit der Produktregel erhält man:
$f'(x) = 6x^2 \cdot e^{2x} + 2x^3 \cdot 2e^{2x} = 6x^2 \cdot e^{2x} + 4x^3 \cdot e^{2x}$

Abi Tipp

ÜBERBLICK BEHALTEN!

Wenn man die **Produktregel** anwenden muss, sollte man sich die Terme $u(x)$ und $v(x)$ zunächst separat aufschreiben und ableiten zu $u'(x)$ und $v'(x)$. Sonst verliert man leicht den Überblick. Anschließend setzt man die entsprechenden Terme in die Formel $f'(x) = u'(x) \cdot v(x) + u(x) \cdot v'(x)$ ein.

Monotonieverhalten von Funktionen

Zentrale Kenntnisse

- Der Graph einer Funktion f ist in einem Intervall I **streng monoton fallend**[2]**,** wenn für jedes $x \in I$ gilt: $\mathbf{f'(x) < 0}$.
- Der Graph einer Funktion f ist in einem Intervall I **streng monoton steigend**[3]**,** wenn für jedes $x \in I$ gilt: $\mathbf{f'(x) > 0}$.
- Um das **Monotonieverhalten** einer Funktion f zu untersuchen, muss man f zuerst ableiten und dann die **Nullstellen von f'** bestimmen. Ändert sich an einer Nullstelle x_0 von f' das Vorzeichen von f', dann ändert sich an der Stelle x_0 auch das Monotonieverhalten von f.

VORZEICHEN BESTIMMEN

Um das Vorzeichen von f'(x) in einem bestimmten Intervall I *ohne* Rechnung angeben zu können, ist es oft hilfreich, wenn man die **Eigenschaften folgender Terme** kennt:

→ e^{ax} und e^{-ax} mit $a \in \mathbb{R}$, sind für alle $x \in \mathbb{R}$ positiv.
→ x^n mit $n \in \mathbb{N}$ und $n = \text{gerade}$, ist für alle $x \in \mathbb{R}$ positiv.
→ x^n mit $n \in \mathbb{N}$ und $n = \text{ungerade}$, ist nur für $x > 0$ positiv.
→ $g(x)^n$ mit $n \in \mathbb{N}$ und $n = \text{gerade}$, ist unabhängig von $g(x)$ für alle $x \in \mathbb{R}$ positiv.
→ Der Term $(x + a)$ mit $a > 0$ ist für alle $x > -a$ positiv.
→ Der Term $(x - a)$ mit $a > 0$ ist für alle $x > a$ positiv.

Abi Tipp

VORZEICHENWECHSEL

Ob an einer Nullstelle x_0 von f' ein **Vorzeichenwechsel** vorliegt, kann man leicht mit dem Taschenrechner überprüfen, indem man die Werte $f'(x_0 + \varepsilon)$ und $f'(x_0 - \varepsilon)$ berechnet. Darin ist $|\varepsilon|$ ein sehr kleiner Wert. Zum Beispiel: $f'(x_0 + 0{,}01)$ und $f'(x_0 - 0{,}01)$

2 Statt „fallend“ wird auch der Begriff „abnehmend“ verwendet.

3 Statt „steigend“ wird auch der Begriff „wachsend“ verwendet.

Beispiel 7:

Geben Sie an, in welchen Intervallen die Funktion f mit $f(x) = 2x^3 + 3x^2 - 12x$ monoton steigend bzw. fallend ist. Stellen Sie Ihre Ergebnisse in einer Monotonietabelle dar.

Lösung:

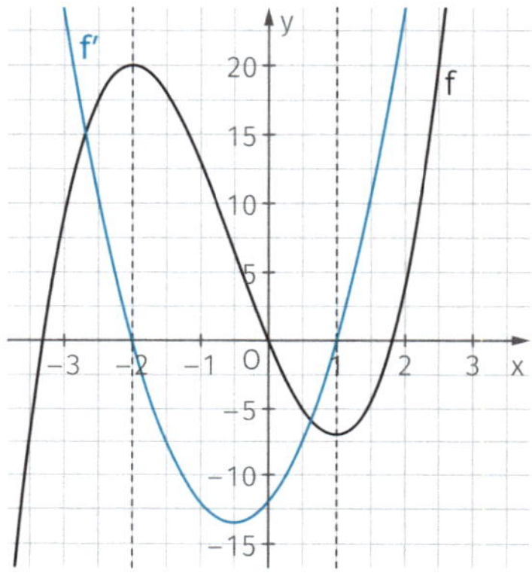

Es ist $f'(x) = 6x^2 + 6x - 12$.

Nullstellen von f':

$6x^2 + 6x - 12 = 0 \Leftrightarrow x^2 + x - 2 = 0$

$\Rightarrow$ $\mathbf{x_1 = -2}$ und $\mathbf{x_2 = 1}$

Vorzeichenwechsel (VZW) von f' bei $x_1 = -2$?

Es ist $f'(-2{,}01) > 0$ und $f'(-1{,}99) < 0$

$\Rightarrow$ **VZW bei $x_1 = -2$.**

Vorzeichenwechsel von f' bei $x_2 = 1$?

Es ist $f'(0{,}99) < 0$ und $f'(1{,}01) > 0$

$\Rightarrow$ **VZW bei $x_2 = 1$.**

Monotonietabelle:

Intervall	$x < -2$	$-2 < x < 1$	$x > 1$
Vorzeichen von f' bzw. Steigung von f	plus	minus	plus

Beispiel 8:

Weisen Sie nach, dass die Funktion f mit $f(x) = x \cdot e^{0{,}5x}$ für alle $x > -2$ streng monoton steigend ist.

Lösung:

Ableiten mit der Produktregel ergibt:

$f'(x) = e^{0{,}5x} + 0{,}5x\,e^{0{,}5x} = e^{0{,}5x} \cdot (1 + 0{,}5x)$

Zu zeigen ist $f'(x) > 0$ für alle $x > -2$:

Der Term $e^{0{,}5x}$ ist für alle $x \in \mathbb{R}$ positiv, also auch für $x > -2$.

Wegen $1 + 0{,}5x > 0 \Leftrightarrow x > -2$ ist der Term $(1 + 0{,}5x)$ ebenfalls positiv für $x > -2$.

Somit ist auch das Produkt $e^{0{,}5x} \cdot (1 + 0{,}5x)$ für alle $x > -2$ positiv; was zu zeigen war.

Berechnung von Hoch- und Tiefpunkten

Zentrale Kenntnisse

- In einem lokalen Hoch- bzw. Tiefpunkt einer Funktion f hat die **Steigung m** des Graphen von f den **Wert** $\mathbf{m = 0}$.
- Eine Funktion f hat an einer Stelle x_0 ein **lokales Maximum (Hochpunkt),** wenn $\mathbf{f'(x_0) = 0}$ **und** $\mathbf{f''(x_0) < 0}$ ist.
- Eine Funktion f hat an einer Stelle x_0 ein **lokales Minimum (Tiefpunkt),** wenn $\mathbf{f'(x_0) = 0}$ **und** $\mathbf{f''(x_0) > 0}$ ist.
- Wenn an einer Stelle x_0 die Gleichungen $\mathbf{f'(x_0) = 0}$ **und** $\mathbf{f''(x_0) = 0}$ gelten, muss man untersuchen, ob f′ bei x_0 einen VZW hat:
  - → VZW von plus nach minus ⇒ Hochpunkt (→ Abb. 1)
  - → VZW von minus nach plus ⇒ Tiefpunkt (→ Abb. 2)
  - → kein VZW ⇒ Sattelpunkt[4] S bei x_0 (→ Abb. 3)

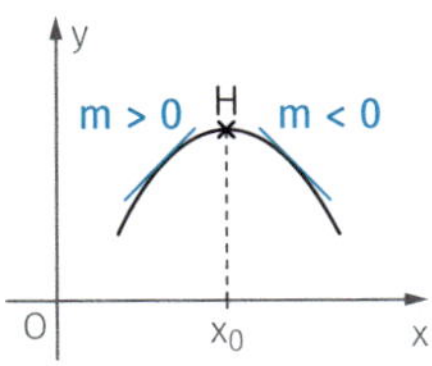

Abb. 1

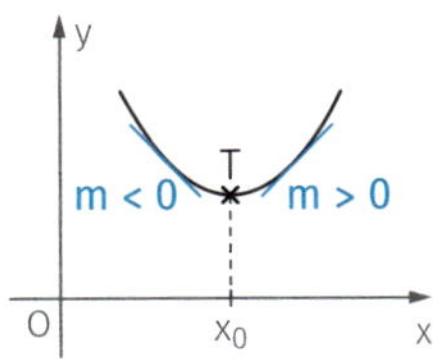

Abb. 2

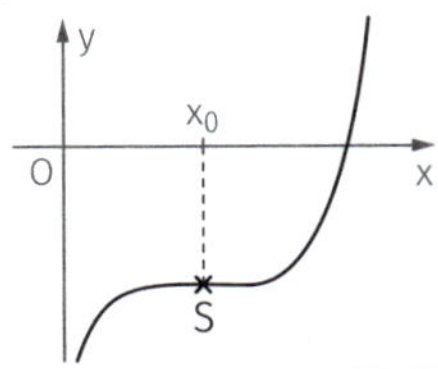

Abb. 3

BERECHNUNG LOKALER HOCH- UND TIEFPUNKTE

Lokale Hoch- und Tiefpunkte werden folgendermaßen ermittelt:

1. Bestimme die erste Ableitung f′ und die zweite Ableitung f″.
2. Löse die Gleichung $f'(x) = 0$. Dabei sind auch mehrere Lösungen möglich. Jede Lösung dieser Gleichung ist die x-Koordinate eines möglichen lokalen Hoch- oder Tiefpunkts. Eine Lösung sei x_0.
3. Berechne zu jeder Lösung x_0 den Wert $f''(x_0)$:
   Ist $f''(x_0) < 0$, dann ist bei x_0 ein Hochpunkt.
   Ist $f''(x_0) > 0$, dann ist bei x_0 ein Tiefpunkt.
4. Berechne die y-Koordinate $y = f(x_0)$ des Hoch- bzw. Tiefpunkts.
   Wichtig: Die **y-Koordinate** eines Hoch- bzw. Tiefpunkts ist $y = f(x_0)$ und nicht $f''(x_0)$. Das wird leider oft verwechselt!

4 Statt „Sattelpunkt" wird auch der Begriff „Terrassenpunkt" verwendet.

Beispiel 9:

Untersuchen Sie die Funktion f mit $f(x) = \frac{1}{8}x^3 - 1{,}5x^2 + 4{,}5x$ auf Hoch- und Tiefpunkte.

Lösung:

1. Ableiten ergibt: $f'(x) = \frac{3}{8}x^2 - 3x + 4{,}5$ und $f''(x) = \frac{6}{8}x - 3 = \frac{3}{4}x - 3$
2. $f'(x) = 0$

   $\Leftrightarrow \frac{3}{8}x^2 - 3x + 4{,}5 = 0$

   $\Leftrightarrow x^2 - 8x + 12 = 0$

   $\Rightarrow \mathbf{x_1 = 2}$ und $\mathbf{x_2 = 6}$
3. Berechne $f''(2)$ und $f''(6)$:

   $f''(2) = -1{,}5 < 0 \Rightarrow$ Hochpunkt bei $x_1 = 2$

   $f''(6) = +1{,}5 > 0 \Rightarrow$ Tiefpunkt bei $x_2 = 6$
4. Berechne die y-Koordinaten des Hoch- bzw. Tiefpunkts:

   Es ist $H(2|f(2)) = \mathbf{H(2|4)}$ und $T(6|f(6)) = \mathbf{T(6|0)}$.

Beispiel 10:

Untersuchen Sie die Funktion f mit $f(x) = \frac{1}{2}x^5 - 3$ auf Hoch- und Tiefpunkte.

Lösung:

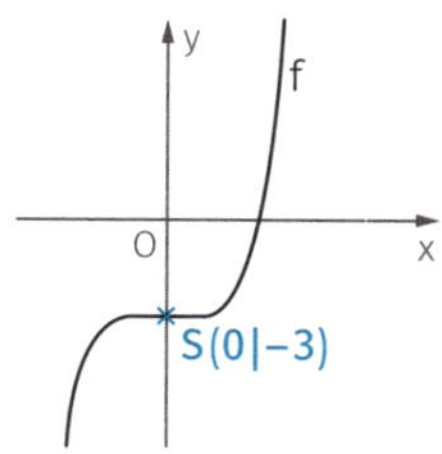

1. $f'(x) = \frac{5}{2}x^4$ und $f''(x) = 10x^3$
2. Die einzige Lösung von $f'(x) = 0$ ist $x_1 = 0$.

   Es gilt also $f'(0) = 0$.
3. Mit $f''(x) = 10x^3$ erhält man: $f''(0) = 0$. Das heißt: keine klare Aussage bezüglich Hoch- oder Tiefpunkt.
4. Vorzeichenwechsel von f' bei $x_1 = 0$? Es ist

   $f'(-0{,}01) > 0$ und $f'(+0{,}01) > 0$

   $\Rightarrow$ kein VZW von f' bei $x_1 = 0$.

   Somit hat f bei $x_1 = 0$ einen **Sattelpunkt:** $\mathbf{S(0|f(0)) = S(0|-3)}$

Krümmungsverhalten von Funktionen, Berechnung von Wendepunkten

Zentrale Kenntnisse

- Gilt **$f''(x) > 0$** für alle x eines Intervalls I, dann ist der Graph von f in diesem Intervall *links*gekrümmt (→ Abb. 1).
- Gilt **$f''(x) < 0$** für alle x eines Intervalls I, dann ist der Graph von f in diesem Intervall *rechts*gekrümmt (→ Abb. 2).
- Ist **$f''(x_0) = 0$ und $f'''(x_0) \neq 0$,** dann ist x_0 eine **Wendestelle** von f (→ Abb. 3). Die y-Koordinate des Wendepunkts W ist $f(x_0)$.
- Ist in einem Wendepunkt die Steigung $m = f'(x_0) = 0$, dann handelt es sich um einen **Sattelpunkt** (→ Beispiel 10).

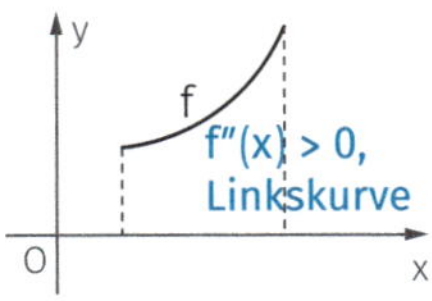

Abb. 1

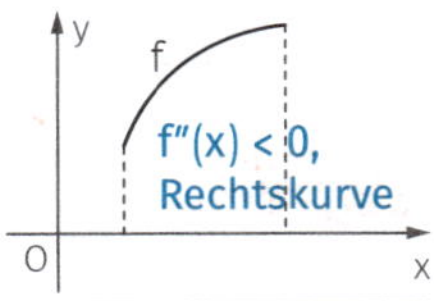

Abb. 2

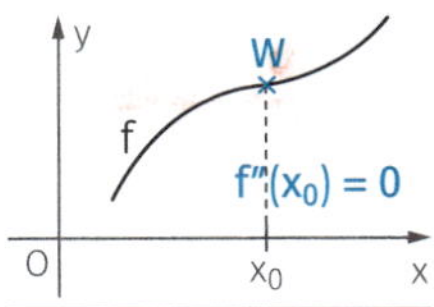

Abb. 3

SELTENER SPEZIALFALL

Wenn an einer Stelle x_0 die Gleichungen **$f''(x_0) = 0$ und $f'''(x_0) = 0$** gelten, kann man nichts über das Vorliegen einer Wendestelle aussagen. Dann muss man untersuchen, ob f″ bei x_0 einen Vorzeichenwechsel (VZW) hat:

1. Fall: f″ hat bei x_0 einen VZW $\Rightarrow$ Wendestelle bei x_0
2. Fall: kein VZW von f″ bei x_0 $\Rightarrow$ keine Wendestelle

Beispiel 11:
Bestimmen Sie die Koordinaten des Wendepunkts der Funktion f mit $f(x) = 0{,}2x^3 - 3x^2 + 40$.

Lösung:

1. Ableiten: $f'(x) = 0{,}6x^2 - 6x$; $f''(x) = 1{,}2x - 6$; $f'''(x) = 1{,}2$
2. Löse $f''(x) = 0$. Man erhält: $1{,}2x - 6 = 0 \Leftrightarrow x = 5$
3. Berechne $f'''(5) = 1{,}2 \neq 0 \Rightarrow$ Wendestelle bei $x = 5$
4. Berechne die y-Koordinate des Wendepunkts.
   Man erhält: $y = f(5) = -10$. Damit ist **W(5|−10).**

Bestimmen von Tangenten- und Normalengleichungen

Zentrale Kenntnisse

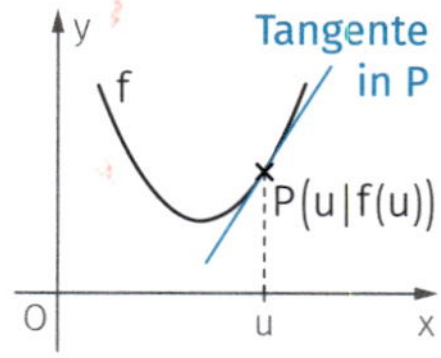

- Die **Tangente in einem Punkt P(u|f(u))** einer Funktion f hat die Gleichung **$y = f'(u) \cdot (x - u) + f(u)$**.
- Alternative Berechnung der Tangentengleichung mit dem **Ansatz $y = m \cdot x + c$:**
  Die Tangentensteigung ist $m = f'(u)$.
  Den y-Achsenabschnitt c erhält man anschließend, indem man die Koordinaten von P(u|f(u)) in die Gleichung $y = f'(u) \cdot x + c$ einsetzt (für $x = u$ und für $y = f(u)$).

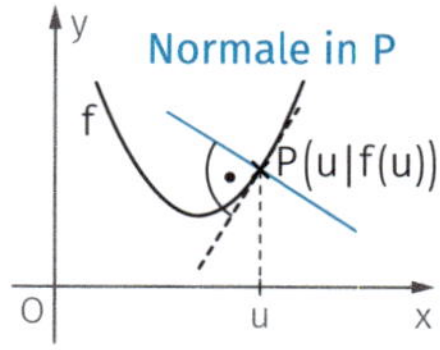

- Die **Normale in einem Punkt P(u|f(u))** steht senkrecht zur Tangente in P(u|f(u)).
  Sie hat die Gleichung **$y = -\frac{1}{f'(u)} \cdot (x - u) + f(u)$**.

TANGENTE DURCH PUNKTE, DIE NICHT AUF DEM GRAPHEN LIEGEN

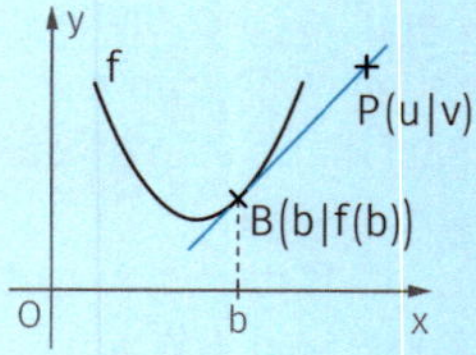

Eine **ansprucshvolle Aufgabenstellung** zum Thema Tangenten ist es, wenn man durch einen Punkt P(u|v) *außerhalb* des Graphen von f eine Tangente an den Graphen von f legen und deren Gleichung bestimmen soll (→ Abbildung rechts).

Dazu muss man zuerst die x-Koordinate des noch unbekannten Berührpunktes **B(b|f(b))** berechnen, indem man die bekannten Koordinaten von **P(u|v)** in die Tangentengleichung $y = f'(b) \cdot (x - b) + f(b)$ einsetzt. Man erhält die Gleichung **$v = f'(b) \cdot (u - b) + f(b)$,** die dann nach b umgestellt werden muss.

Kennt man die Koordinaten des Berührpunkts B(b|f(b)), kann man die Tangentengleichung $y = f'(b) \cdot (x - b) + f(b)$ angeben (→ oben).

Beispiel 12: Tangente in P mit $P \in f$

Gegeben ist die Funktion f mit $f(x) = x^2 - 6x + 5$.

Bestimmen Sie die Gleichung der Tangente im Punkt $P(4 \mid f(4))$.

Lösung:

Die y-Koordinate von P ist $f(4) = -3$.

Mit $f'(x) = 2x - 6$ erhält man: $f'(4) = 2$.

Einsetzen von $f(4) = -3$ und $f'(4) = 2$ in $y = f'(4) \cdot (x - 4) + f(4)$ ergibt:

$y = 2 \cdot (x - 4) - 3 \Leftrightarrow \mathbf{y = 2x - 11}$.

Beispiel 13: Tangente durch P mit $P \notin f$

Gegeben ist die Funktion f mit $f(x) = 0{,}5x^2 - 2x + 4{,}5$.

Bestimmen Sie eine Gleichung der Tangente an den Graphen von f, die durch den Punkt $P(2 \mid 0{,}5)$ läuft.

Lösung:

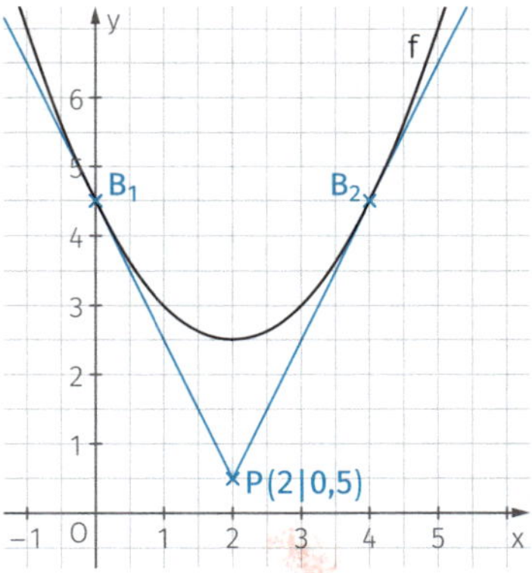

Der Berührpunkt, wo die Tangente den Graphen von f berührt, sei $B(b \mid f(b))$.

Einsetzen der Koordinaten von **$P(2 \mid 0{,}5)$** in die Tangentengleichung $y = f'(b) \cdot (x - b) + f(b)$ ergibt:

$\mathbf{0{,}5} = f'(b) \cdot (\mathbf{2} - b) + f(b)$

Mit $f'(x) = x - 2$ erhält man $f'(b) = b - 2$.

Für $f(b)$ gilt $f(b) = 0{,}5b^2 - 2b + 4{,}5$.

Einsetzen von $f'(b) = b - 2$ und $f(b) = 0{,}5b^2 - 2b + 4{,}5$ in $0{,}5 = f'(b) \cdot (x - b) + f(b)$ ergibt:

$$0{,}5 = (b - 2) \cdot (2 - b) + (0{,}5b^2 - 2b + 4{,}5)$$
$$\Leftrightarrow 0{,}5 = 2b - b^2 - 4 + 2b + 0{,}5b^2 - 2b + 4{,}5$$
$$\Leftrightarrow 0{,}5 = -0{,}5b^2 + 2b + 0{,}5 \quad |-0{,}5$$
$$\Leftrightarrow 0 = -0{,}5b^2 + 2b$$
$$\Leftrightarrow 0 = b(-0{,}5b + 2)$$
$$\Rightarrow \mathbf{b_1 = 0} \text{ und } \mathbf{b_2 = 4}$$

Es gibt also zwei mögliche Berührpunkte bzw. Tangenten:

Tangente 1: $y = f'(0) \cdot (x - 0) + f(0)$.

Mit $f'(0) = -2$ und $f(0) = 4{,}5$ erhält man:

$\mathbf{y = -2x + 4{,}5}$

Tangente 2: $y = f'(4) \cdot (x - 4) + f(4)$.

Mit $f'(4) = 2$ und $f(4) = 4{,}5$ erhält man:

$\mathbf{y = 2x - 3{,}5}$

Zusammenhänge zwischen den Graphen von f', f und F

Zentrale Kenntnisse

- Zwischen den Graphen einer Funktion f und deren Ableitungsfunktion f' bestehen folgende Zusammenhänge:
  1. Der **Funktionswert f'(a)** an der Stelle $x = a$ gibt die **Steigung der Tangente** im Punkt $P(a\,|\,f(a))$ des Graphen von f an (→ Seite 52).
  2. Dort, wo der **Graph von f' die x-Achse schneidet,** hat der Graph von f entweder **einen Hochpunkt** (→ Abb. 1) oder **einen Tiefpunkt** (→ Abb. 2). Diese Regel gilt auch umgekehrt.
  3. Dort, wo der **Graph von f' einen Hoch- bzw. Tiefpunkt** hat, hat der **Graph von f einen Wendepunkt** (→ Abb. 3 und 4). Diese Regel gilt auch umgekehrt. (Man beachte das unterschiedliche Krümmungsverhalten des Graphen von f in den Abb. 3 und 4.)
  4. Wenn der **Graph von f' oberhalb der x-Achse** verläuft, ist der Graph von f in diesem Intervall streng monoton steigend. Wenn der **Graph von f' unterhalb** der x-Achse verläuft, ist der Graph von f in diesem Intervall streng monoton fallend (→ Abb. 1 und 2).

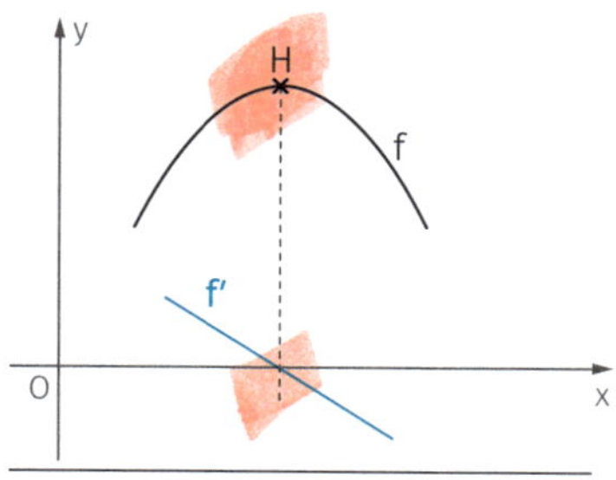

Abb. 1

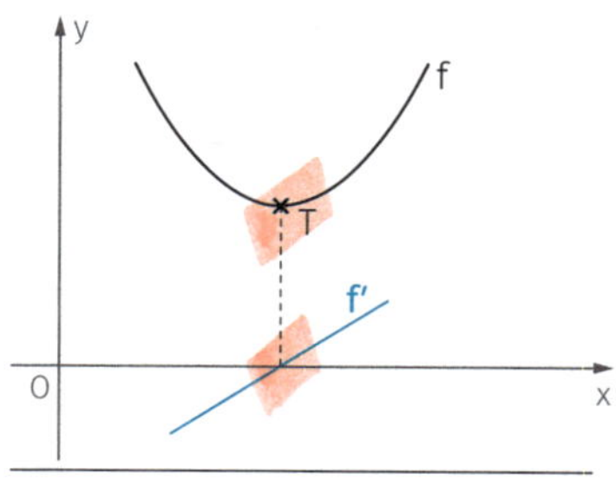

Abb. 2

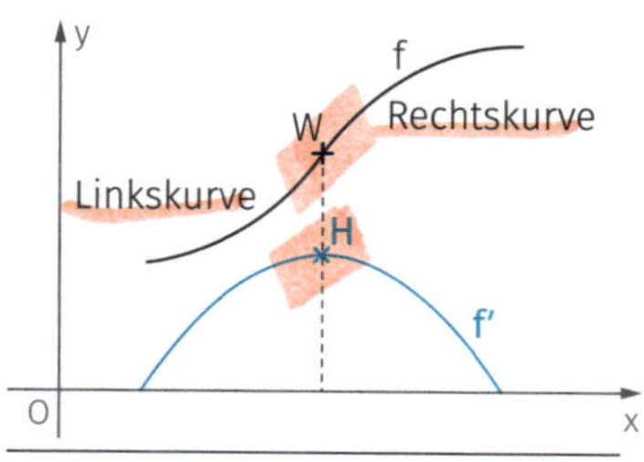

Abb. 3

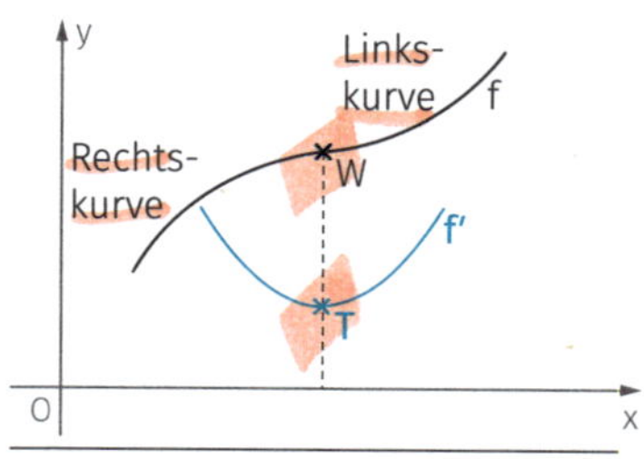

Abb. 4

- Man erhält ganz entsprechende Zusammenhänge zwischen den **Graphen einer Funktion f und ihrer Stammfunktion F,** wenn man in den Regeln 1. bis 4. den Buchstaben f durch F ersetzt und f′ durch f. Eine Funktion f ist nämlich die Ableitung ihrer Stammfunktion F. Es gilt: $F' = f$ (→ Seite 71).

Anhand des Graphen von f′ kann man **keine Aussage** darüber treffen, wie weit der Graph von f in y-Achsenrichtung verschoben ist. Die Werte f′(x) sagen nur etwas über die Steigung von f aus, aber nichts über die *absoluten* Funktionswerte f(x).

Beispiel 14:

Gegeben ist der Graph von f (→ Abb. rechts). Die Funktion F ist eine Stammfunktion von f. Begründen Sie, dass folgende Aussagen wahr sind:

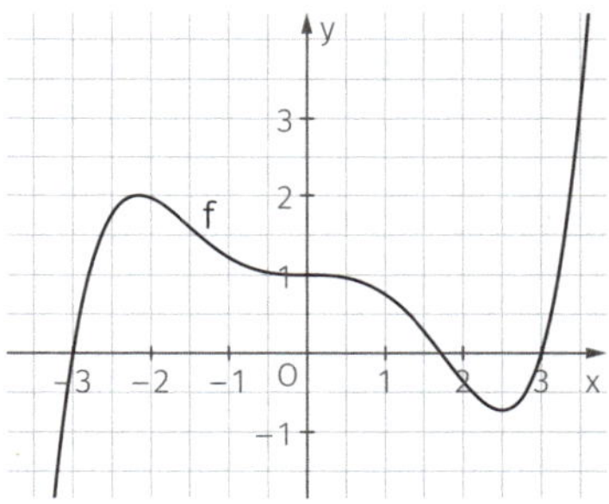

A: Der Graph von F ist im Intervall $-3 \le x \le 1$ monoton steigend.

B: f′ hat im Intervall $-3 \le x \le 3$ drei Nullstellen.

C: O(0|0) ist Hochpunkt des Schaubilds von f′.

Lösung:

A: Wegen $f = F'$ geben die Funktionswerte von f die Steigung von F an. Weil der Graph von $f = F'$ im Intervall $-3 \le x \le 1$ oberhalb der x-Achse verläuft, muss der Graph von F in diesem Intervall monoton steigend sein.

B: Der Graph von f hat im Intervall $-3 \le x \le 3$ drei Punkte mit der Steigung 0. Nämlich bei $x_1 \approx -2{,}2$; bei $x_2 = 0$ und bei $x_3 = 2{,}5$.

C: Der Graph von f hat bei $x = 0$ einen Wendepunkt und ändert bei $x = 0$ sein Krümmungsverhalten von einer Linkskurve in eine Rechtskurve (→ Abb. 3 auf Seite 62).
Da die Steigung von f bei $x = 0$ den Wert 0 hat, gilt außerdem: $f'(0) = 0$.
Somit hat die y-Koordinate des Hochpunkts von f′ bei $x = 0$ den Wert $y = 0$.

Beispiel 15:

Die Abbildung zeigt den Graphen der Ableitungsfunktion f′ einer Funktion f. Begründen Sie, warum die folgenden Aussagen wahr sind.

A: Der Graph von f hat bei $x = -3$ einen Tiefpunkt.

B: Es gilt $f(-2) < f(-1)$.

C: Es gilt $f''(-2) + f'(-2) = 2$.

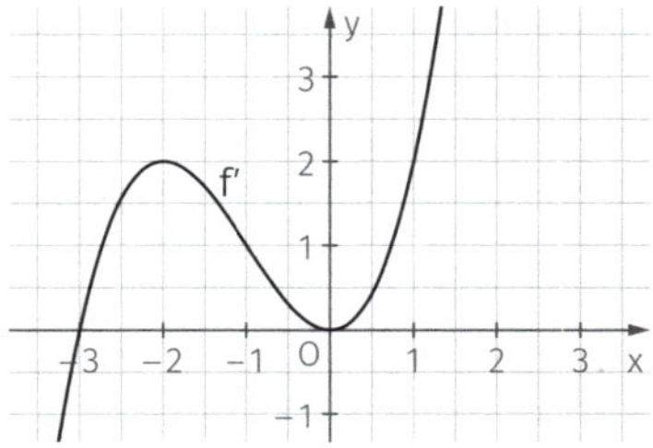

Lösung:

A: Der Graph von f′ hat bei $x = -3$ einen Vorzeichenwechsel von minus nach plus. Somit muss der Graph von f bei $x = -3$ einen Tiefpunkt haben (→ Seite 57).

B: Im Intervall $-2 < x < -1$ hat der Graph von f′ nur positive Werte. Der Graph von f muss also im Intervall $-2 < x < -1$ streng monoton steigen (→ Seite 55). Somit muss gelten: $f(-2) < f(-1)$.

C: $f''(-2)$ ist die Steigung von f′ an der Stelle $x = -2$. Dem Schaubild entnimmt man: $f''(-2) = 0$. Der Wert $f'(-2)$ ist der Funktionswert von f′ an der Stelle $x = -2$. Man erhält $f'(-2) = 2$.
Also gilt $f''(-2) + f'(-2) = 0 + 2 = 2$.

DIFFERENZIALRECHNUNG — Checkliste

Folgende Fragen sollten Sie nun mühelos beantworten können:

- Welche geometrische Bedeutung hat die erste Ableitung $f'(a)$, wenn der Punkt $P(a \mid f(a))$ ein Punkt des Graphen von f ist?
- Welche Ableitungsregeln gibt es und wie lauten sie?
- Wie kann man die Funktion f mit $f(x) = \frac{1}{x^n}$ mithilfe der Potenzregel ableiten?
- Wie untersucht man das Monotonieverhalten einer Funktion f?
- Wie bestimmt man die Hoch- bzw. Tiefpunkte einer Funktion f?
- Welche Bedingung muss gelten, wenn der Graph einer Funktion f in einem Intervall I links- bzw. rechtsgekrümmt ist?
- Wie bestimmt man einen Wendepunkt einer Funktion f?
- Wie berechnet man die Gleichung einer Tangente bzw. einer Normalen in einem Punkt $P(u \mid f(u))$ des Graphen einer Funktion f?
- Wie berechnet man die Gleichung einer Tangente, die von einem angegebenen Punkt $P(u \mid v)$ *außerhalb* des Graphen einer Funktion f an den Graphen von f gelegt werden soll?
- Welche Zusammenhänge bestehen zwischen den Graphen von f′ und f bzw. zwischen den Graphen von f und F?

EXTREMWERTAUFGABEN

9

Die Vorgehensweise

Zentrale Kenntnisse

Bei Extremwertaufgaben soll ermittelt werden, unter welchen Bedingungen eine bestimmte Größe, die sogenannte Zielgröße, maximal oder minimal wird. Dazu geht man folgendermaßen vor:

1. **Schritt:** Zuerst beschreibt man die **Zielgröße**, die extremal werden soll, in Abhängigkeit von anderen Variablen (meistens zwei).
2. **Schritt:** Dann sucht man nach **Nebenbedingungen**. Damit kann man entweder einen Zusammenhang zwischen den in Schritt 1 erwähnten Variablen herstellen (→ Beispiel 1) oder man kann diese Variablen in Abhängigkeit von einer einzigen, anderen Variablen beschreiben (→ Beispiel 2).
3. **Schritt:** Man beschreibt die Zielgröße in Abhängigkeit von nur noch einer Funktionsvariablen. Damit erhält man die **Zielfunktion**.
4. **Schritt:** Man bestimmt das lokale **Maximum bzw. Minimum der Zielfunktion** mithilfe ihrer ersten Ableitung (→ Seite 57).
5. **Schritt:** Zuletzt muss man noch überprüfen, ob die Werte an den **Rändern des Definitionsbereichs** der Funktionsvariablen zu einem größeren bzw. kleineren Wert führen als das im 4. Schritt berechnete lokale Maximum bzw. Minimum.

Beispiel 1:
Einem Kreis mit dem Radius 5 cm soll ein Rechteck einbeschrieben werden, dessen Ecken auf dem Kreis liegen.
Wie lang müssen die Seiten des Rechtecks sein, damit dessen Flächeninhalt maximal wird?
Berechnen Sie diesen Flächeninhalt.

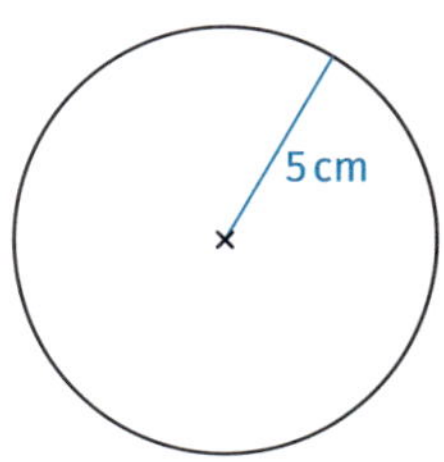

Lösung:

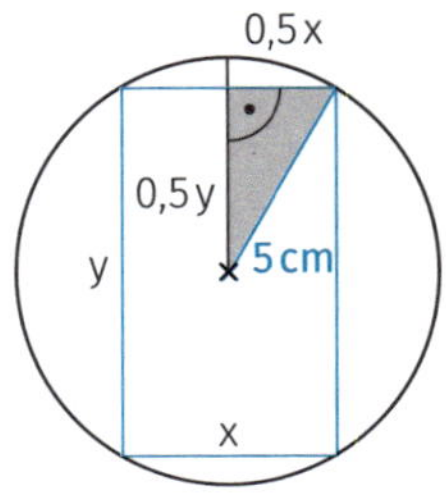

1. **Schritt:** Zielgröße beschreiben
   Mit der Breite x und der Länge y des Rechtecks ist sein Flächeninhalt $A = x \cdot y$.

2. **Schritt:** Nebenbedingungen suchen
   Mit dem Satz des Pythagoras kann man die Variable y in Abhängigkeit von x beschreiben.
   Im markierten Dreieck gilt:
   $(0{,}5\,x)^2 + (0{,}5\,y)^2 = 25 \Leftrightarrow y = \sqrt{100 - x^2}$
   (Die *Nebenbedingung* ist hier, dass die Ecken des Rechtecks auf dem Kreis liegen, woraus sich eine symmetrische Anordnung ergibt.)

3. **Schritt:** Zielfunktion aufstellen
   Einsetzen von $y = \sqrt{100 - x^2}$ in $A = x \cdot y$ ergibt die
   Zielfunktion: $A(x) = x \cdot \sqrt{100 - x^2}$ bzw. $\mathbf{A(x) = \sqrt{100\,x^2 - x^4}}$**.**
   (Hinweis: Der rechte Term für A(x) lässt sich leichter ableiten.)

4. **Schritt:** Maximum der Zielfunktion bestimmen
   Mit der Kettenregel folgt: $A'(x) = \frac{200\,x - 4\,x^3}{2 \cdot \sqrt{100\,x^2 - x^4}} = \frac{200\,x - 4x^3}{2\,x \cdot \sqrt{100 - x^2}} = \frac{100 - 2\,x^2}{\sqrt{100 - x^2}}.$
   $A'(x) = 0 \Leftrightarrow 100 - 2\,x^2 = 0 \Rightarrow x_1 = +\sqrt{50}$ und $x_2 = -\sqrt{50}$.
   Da negative Werte nicht definiert sind, ist $x_1 = +\sqrt{50}$ die einzige Lösung. Das ist die Breite des Rechtecks.
   Die Länge des Rechtecks ist $y = \sqrt{100 - \sqrt{50}^2} = \sqrt{100 - 50} = +\sqrt{50}$.
   Wegen $A'(x_1 - 0{,}01) > 0$ und $A'(x_1 + 0{,}01) < 0$ hat A′ bei $x_1 = \sqrt{50}$ einen VZW von plus nach minus vor. Das heißt, die Zielfunktion A(x) hat bei $\mathbf{x_1 = \sqrt{50}}$ **einen lokalen Hochpunkt**.
   (Hinweis: Der Nachweis $A''(x_1) < 0$ wäre hier etwas aufwändig.)

5. **Schritt:** Untersuchen der Randwerte
   Der Definitionsbereich von x ist: $0 \le x \le 10$.
   Für die Ränder erhält man: $A(0) = 0$ und $A(10) = 0$.
   Der maximale Wert des Flächeninhalts ist daher $\mathbf{A\left(\sqrt{50}\right) = 50\,cm^2}$.
   Die gesuchte Breite ist $x = \sqrt{50}$. Die gesuchte Länge ist $y = \sqrt{50}$.
   Bei dem Rechteck handelt es sich also um ein Quadrat.

Beispiel 2:

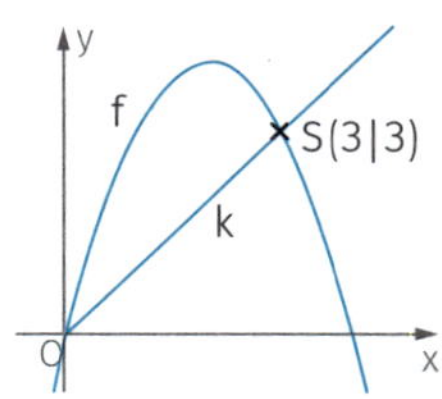

Gegeben sind die Funktionen f und k mit $f(x) = -x^2 + 4x$ und $k(x) = x$. Ihre Graphen sind nebenstehend skizziert. Für jedes u mit $0 \le u \le 3$ sind $O(0|0)$, $P(u|f(u))$ und $Q(u|k(u))$ die Eckpunkte eines Dreiecks.
Bestimmen Sie einen Wert für u so, dass der

Flächeninhalt des Dreiecks OPQ maximal wird und geben Sie den Wert dieses Flächeninhalts an.

Lösung:

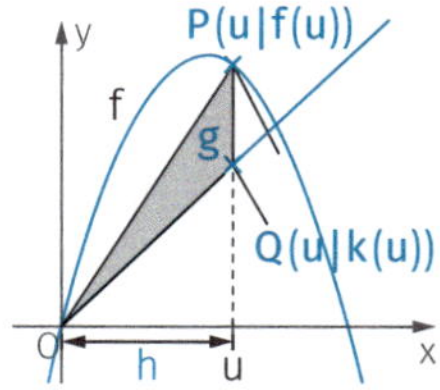

1. **Schritt:** Zielgröße beschreiben
   Mit der Grundseite g und der Höhe h ist der Flächeninhalt des Dreiecks OQP: $\mathbf{A = \frac{1}{2} g \cdot h}$

2. **Schritt:** Nebenbedingungen suchen
   Für die Höhe h gilt: $\mathbf{h = u}$
   Für die Grundseite gilt:
   $\mathbf{g} = f(u) - k(u) = \mathbf{-u^2 + 3u}$
   (Die Nebenbedingungen sind ist hier: $P \in f$ und $Q \in k$.)

3. **Schritt:** Aufstellen der Zielfunktion
   $A(u) = \frac{1}{2} \cdot (-u^2 + 3u) \cdot u = -\frac{1}{2}u^3 + \frac{3}{2}u^2$

4. **Schritt:** Maximum der Zielfunktion bestimmen
   Ableiten mit der Potenzregel ergibt: $A'(u) = -\frac{3}{2}u^2 + 3u$
   Die Lösungen von $A'(u) = 0$ sind $u_1 = 0$ und $u_2 = 2$.
   Mit $A''(u) = -3u + 3$ erhält man:
   $A''(0) > 0 \Rightarrow$ Tiefpunkt und $A''(2) < 0 \Rightarrow$ Hochpunkt
   Die Zielfunktion hat also bei $\mathbf{u_2 = 2}$ **ein lokales Maximum**.

5. **Schritt:** Untersuchen der Randwerte
   Der Definitionsbereich von u ist: $0 \le u \le 3$.
   Für die Ränder erhält man: $A(0) = 0$ und $A(3) = 0$.
   Das heißt, $\mathbf{A(2)} = -\frac{8}{2} + \frac{12}{2} = \mathbf{2}$ ist das **absolute Maximum**.

Abi Tipp

ABSTAND EINES PUNKTES VOM GRAPHEN

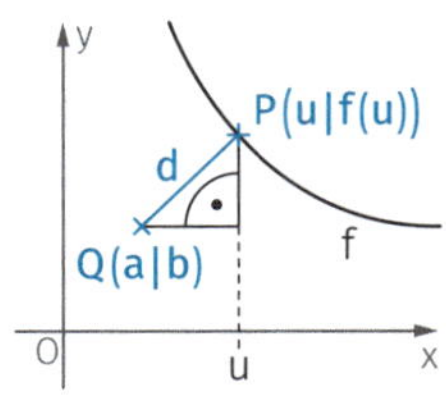

Den **Abstand** (also die kürzeste Entfernung) eines gegebenen Punktes Q(a|b) von dem Graphen einer Funktion f kann man leicht mit dem Satz des Pythagoras bestimmen.
Mit dem beliebigen Punkt P(u|f(u)) auf dem Graphen von f lautet die Zielfunktion immer:
$\mathbf{d(u) = \sqrt{(f(u) - b)^2 + (u - a)^2}}$

Wichtig: Zur Berechnung des Minimums von d sollte man aber nur den Radikanden $\mathbf{r(u) = (f(u) - b)^2 + (u - a)^2}$ verwenden. Dadurch wird die weitere Rechnung wesentlich einfacher als mit der Wurzel.

Beispiel 3:
Gegeben ist die Gerade g mit $g(x) = -2x + 5$.
Bestimmen Sie den Abstand der Geraden g vom Ursprung $O(0|0)$.

Lösung:

Mit dem Satz des Pythagoras kann man hier die *Zielfunktion* sofort aufstellen:
$d(u) = \sqrt{(g(u) - 0)^2 + (u - 0)^2} = \sqrt{g(u)^2 + u^2}$

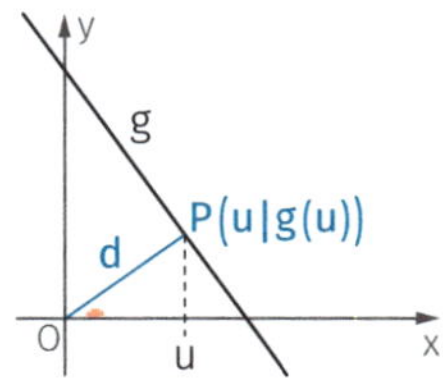

Zur *Extremwertbestimmung* genügt es, nur den Radikanden r(u) zu betrachten:
$\mathbf{r(u) = g(u)^2 + u^2}$

Mit $g(u) = -2u + 5$ erhält man:

$r(u) = (-2u + 5)^2 + u^2$

$\Leftrightarrow$ $\mathbf{r(u) = 5u^2 - 20u + 25}$

4. Schritt: Extremwert von r
Mit $r'(u) = 10u - 20$ erhält man für $r'(u) = 0$ die Lösung $u = 2$.
Wegen $r''(2) = 10 > 0$ hat die Funktion r bei **$u = 2$ ein lokales Minimum**.

5. Schritt: Randwerte
Der Definitionsbereich von u ist: $-\infty < u < +\infty$.
Für $u \to \pm\infty$ geht $r(u)$ gegen $+\infty$.
Das heißt, $r(2) = 5$ ist das absolute Minimum von r.
Der gesuchte Abstand ist $\mathbf{d_{min} = d(2) = \sqrt{5}}$.

EXTREMWERTAUFGABEN — Checkliste

Folgende Fragen sollten Sie nun mühelos beantworten können:

- Wie geht man vor, um die Zielfunktion einer Extremwertaufgabe aufzustellen?
- Wie bestimmt man das Maximum bzw. Minimum einer Zielfunktion?
- Mit welcher Zielfunktion sollte man arbeiten, wenn man den Abstand eines Punktes von dem Graphen einer Funktion bestimmen soll?

DIE ELEMENTE EINER KURVENDISKUSSION

10

Die Vorgehensweise

Zentrale Kenntnisse

Der Graph einer Funktion f kann mithilfe einer Kurvendiskussion skizziert werden. Die einzelnen Elemente einer Kurvendiskussion und die entsprechenden Rechenansätze sind folgende:

Elemente einer Kurvendiskussion	Rechenansatz
1. **Nullstellen** bestimmen	Löse die Gleichung $\mathbf{f(x) = 0}$.
2. **Schnittpunkt** mit der y-Achse	Berechne $f(0) \Rightarrow \mathbf{S(0\,\|\,f(0))}$.
3. Das **Verhalten** von f für $x \to \pm\infty$ bzw. **an den Rändern des Definitionsbereichs** untersuchen.	Bestimme $\lim\limits_{x \to \pm\infty} f(x)$ und zeichne eventuelle waagrechte Asymptoten in das Schaubild ein.
4. Das Verhalten von f an einer **Definitionslücke** $x = c$, soweit vorhanden, untersuchen.	Bestimme $\lim\limits_{x \to c} f(x)$ und zeichne eventuelle senkrechte Asymptoten in das Schaubild ein.
5. **Hochpunkte und Tiefpunkte** bestimmen	Bestimme $f'(x)$ und $f''(x)$ und löse die Gleichung $\mathbf{f'(x) = 0}$. Mit $f''(x)$ kann zwischen Hoch- und Tiefpunkten unterschieden werden (→ Seite 57).
6. **Wendepunkte** bestimmen	Bestimme $f''(x)$ und $f'''(x)$ und löse die Gleichung $\mathbf{f''(x) = 0}$ (→ Seite 59).
7. Untersuche f auf **Symmetrie**	Symmetrie zur y-Achse: $\mathbf{f(x) = f(-x)}$ Symmetrie zu $O(0\,\|\,0)$: $\mathbf{f(x) = -f(-x)}$

Beispiel 1:

Gegeben ist die Funktion f mit $f(x) = (x^2 - 1) \cdot e^{-0,5x}$.

Führen Sie eine Kurvendiskussion durch und skizzieren Sie damit den Graphen von f.

Lösung:

1. Nullstellen: $f(x) = 0 \Leftrightarrow (x^2 - 1) \cdot e^{-0{,}5x} = 0$. Mit dem Satz vom Nullprodukt folgt (→ Seite 20): $x^2 - 1 = 0 \Rightarrow x_1 = 1$ und $x_2 = -1$.
   Die Gleichung $e^{-0{,}5x} = 0$ hat keine Lösung.
   Die Nullstellen von f sind somit $\mathbf{x_1 = 1}$ und $\mathbf{x_2 = -1}$.

2. Schnittpunkt mit der y-Achse: Es ist $S(0\,|\,f(0)) = \mathbf{S(0\,|\,-1)}$.

3. Verhalten für $x \to \pm\infty$: Es ist $\lim\limits_{x \to -\infty} f(x) \to +\infty$ und $\lim\limits_{x \to +\infty} f(x) = 0$
   $\Rightarrow$ **waagrechte Asymptote $\mathbf{y = 0}$.**

4. Verhalten an eventuellen Definitionslücken:
   Die Funktion f hat keine Definitionslücken wegen $\mathbf{D_f = \mathbb{R}}$.

5. Hoch- und Tiefpunkte: Mit der Produkt- und Kettenregel erhält man
   $f'(x) = (-0{,}5x^2 + 2x + 0{,}5)\,e^{-0{,}5x}$ und $f''(x) = (0{,}25x^2 - 2x + 1{,}75)\,e^{-0{,}5x}$.
   Die Lösungen von $f'(x) = 0$ sind
   $x_3 = 2 + \sqrt{5} \approx 4{,}2$ und $x_4 = 2 - \sqrt{5} \approx -0{,}24$.
   $f''(4{,}2) < 0 \Rightarrow$ Hochpunkt $H(4{,}2\,|\,f(4{,}2)) = \mathbf{H(4{,}2\,|\,2{,}04)}$
   $f''(-0{,}24) > 0 \Rightarrow$ Tiefpunkt $T(-0{,}24\,|\,f(-0{,}24)) = \mathbf{T(-0{,}24\,|\,-1{,}1)}$

6. Wendepunkte: Die Lösungen von $f''(x) = 0$ sind $x_5 = 1$ und $x_6 = 7$.
   Sowohl bei $x_5 = 1$ als auch bei $x_6 = 7$ hat f″ einen Vorzeichenwechsel. Somit sind $x_5 = 1$ und $x_6 = 7$ Wendestellen. Die Wendepunkte sind $\mathbf{W_1(1\,|\,f(1)) = W_1(1\,|\,0) = N_1}$ und $\mathbf{W_2(7\,|\,f(7)) = W_2(7\,|\,1{,}45)}$.

7. Symmetrie von f: Weder $f(x) = f(-x)$ noch $f(x) = -f(-x)$ ist für alle $x \in \mathbb{R}$ erfüllt $\Rightarrow$ keine Symmetrie zur y-Achse und zum Ursprung O.

Skizze:

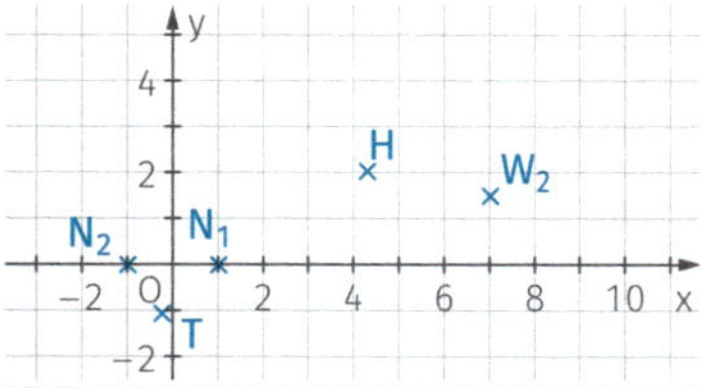

Die markanten Punkte und das Grenzverhalten von f geben den Verlauf des Graphen von f vor.

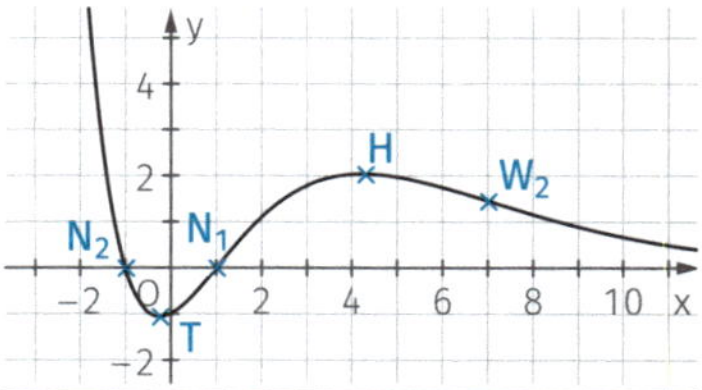

Verbinden der Punkte unter Berücksichtigung des Grenzverhaltens ergibt den Graphen von f.

DIE ELEMENTE EINER KURVENDISKUSSION **Checkliste**

Folgende Frage sollten Sie nun mühelos beantworten können:

→ Was sind die Elemente einer Kurvendiskussion und wie kann man damit den Graphen einer Funktion skizzieren?

INTEGRALRECHNUNG

11

Stammfunktionen und bestimmte Integrale

Zentrale Kenntnisse

- Eine Funktion F ist dann eine **Stammfunktion der Funktion f**, wenn gilt: $F'(x) = f(x)$. In Worten: Die Ableitung einer Stammfunktion F ist die Funktion f. Stammfunktionen werden üblicherweise mit Großbuchstaben gekennzeichnet.
- Ist F eine Stammfunktion von f, dann ist auch jede Funktion G mit $\mathbf{G(x) = F(x) + C}$ und der Konstanten $C \in \mathbb{R}$ eine Stammfunktion von f.
- **Summenregel:** Eine Stammfunktion von f mit $\mathbf{f(x) = g(x) + h(x)}$ wird summandenweise gebildet: $\mathbf{F(x) = G(x) + H(x)}$.
- **Faktorregel:** G sei eine Stammfunktion von g. Eine Stammfunktion von f mit $f(x) = a \cdot g(x)$ ist dann die Funktion F mit $\mathbf{F(x) = a \cdot G(x)}$.
- Eine Funktion f sei im Intervall [a; b] stetig. Dann ist $\int_a^b f(x)\,dx$ das **bestimmte Integral** von f mit den Integrationsgrenzen a und b. Es gilt:

  $$\int_a^b f(x)\,dx = F(b) - F(a)$$

- Wichtige Stammfunktionen (mit $a, b, n \in \mathbb{R}$ und $a \neq 0$; $n \neq -1$) sind:

f(x)	F(x)
a	$a \cdot x$
x^n	$\frac{1}{n+1} \cdot x^{n+1}$
$(ax - b)^n$	$\frac{1}{a \cdot (n+1)} (ax + b)^{n+1}$
e^x	e^x
e^{ax}	$\frac{1}{a} \cdot e^{ax}$

f(x)	F(x)
$\frac{1}{x}$ (mit $x > 0$)	$\ln(x)$
$\sin x$	$-\cos(x)$
$\cos x$	$\sin(x)$
$\sin(ax + b)$	$-\frac{1}{a} \cdot \cos(ax + b)$
$\cos(ax + b)$	$\frac{1}{a} \cdot \sin(ax + b)$

Beispiel 1:

Bestimmen Sie jeweils eine Stammfunktion.

a) $f(x) = x^2 + 1$ b) $f(x) = e^x - 2$ c) $g(x) = (2x - 1)^4$ d) $h(x) = \cos(2x)$

Lösung:

a) $F(x) = \frac{1}{3}x^3 + x$

b) $F(x) = e^x - 2x$

c) $G(x) = \frac{1}{10}(2x - 1)^5$

d) $H(x) = \frac{1}{2}\sin(2x)$

Abi Tipp

CLEVERE RECHENTRICKS

- Ob man eine **Stammfunktion** $F(x)$ richtig bestimmt hat, kann man leicht **überprüfen**, indem man die erste Ableitung $F'(x)$ bildet. Dabei muss dann der Term von $f(x)$ herauskommen.
- Funktionen der Art $f(x) = \frac{a}{x^n}$ (mit $n \neq 1$) sollten zur Bildung einer Stammfunktion umgeschrieben werden zu $\mathbf{f(x) = a \cdot x^{-n}}$.
- Zur **übersichtlichen Berechnung** bestimmter Integrale sollte man die Stammfunktion F zuerst in eine eckige Klammer schreiben: $\int_a^b f(x)\,dx = [F(x)]_a^b = F(b) - F(a)$

EIGENSCHAFTEN BESTIMMTER INTEGRALE

- $\int_a^b f(x)\,dx = -\int_b^a f(x)\,dx$
- $\int_a^b k \cdot f(x)\,dx = k \cdot \int_a^b f(x)\,dx$, mit $k \in \mathbb{R}$ (Faktorregel)
- $\int_a^b f(x) \pm g(x)\,dx = \int_a^b f(x)\,dx \pm \int_a^b g(x)\,dx$ (Summenregel)

Beispiel 2:

Berechnen Sie jeweils den Wert des Integrals.

a) $\int_0^1 5 \cdot (2x - 1)^4\,dx$

b) $\int_1^e \frac{3}{x} + 1\,dx$

c) $\int_0^{\ln 2} 3 \cdot e^x\,dx$

d) $\int_0^{\pi} 2 \cdot \sin(2x)\,dx$

Lösung:

a) $\int_0^1 5 \cdot (2x-1)^4 \, dx = 5 \cdot \left[\frac{1}{10}(2x-1)^5\right]_0^1 = 5\left(\frac{1}{10} \cdot 1^5 - \frac{1}{10} \cdot (-1)^5\right) = 1$

b) $\int_1^e \frac{3}{x} + 1 \, dx = [3 \cdot \ln(x) + x]_1^e = 3 \cdot \ln(e) + e - (3 \cdot \ln(1) + 1) = 3 + e - 1$
$= 2 + e$

c) $\int_0^{\ln 2} 3 \cdot e^x \, dx = 3 \cdot [e^x]_0^{\ln 2} = 3 \cdot [e^{\ln 2} - e^0] = 3 \cdot (2-1) = 3$

d) $\int_0^{\pi} 2 \cdot \sin(2x) \, dx = 2 \cdot \left[-\frac{1}{2}\cos(2x)\right]_0^{\pi} = 2 \cdot \left[-\frac{1}{2}\cos(2\pi) - \left(-\frac{1}{2}\cos(0)\right)\right] = 0$

Flächenberechnung mit Integralen

Zentrale Kenntnisse

- Es sei f eine stetige Funktion, die im Intervall [a; b] *keine* Nullstelle hat. Für die Fläche A_1, die von dem Graphen von f und der x-Achse im Intervall [a; b] eingeschlossen wird, gilt dann: $A_1 = \left|\int_a^b f(x)\,dx\right|$

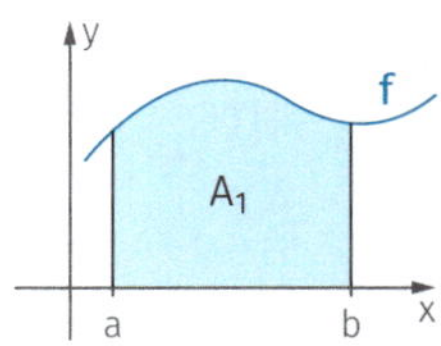

- Sind a und b zwei aufeinander folgende Nullstellen einer stetigen Funktion f, dann gilt für die Fläche A_2, die von dem Graphen von f und der x-Achse im Intervall [a; b] eingeschlossen wird: $A_2 = \left|\int_a^b f(x)\,dx\right|$

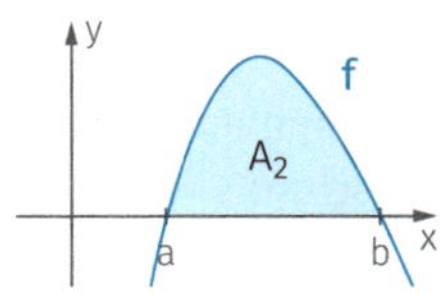

- Es seien f und g stetige Funktionen, deren Graphen im Intervall [a; b] *keine* gemeinsamen Punkte haben. Für die Fläche A_3, die von den Graphen im Intervall [a; b] eingeschlossen wird, gilt dann: $A_3 = \left|\int_a^b f(x) - g(x)\,dx\right|$

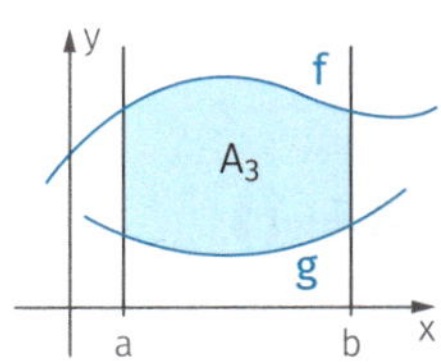

- Wenn das Integral $\int_a^c f(x)\,dx$ einer Fläche *oberhalb* der x-Achse entspricht, ist der Wert des Integrals positiv (→ Abb. 1).
  Wenn das Integral $\int_c^b f(x)\,dx$ einer Fläche *unterhalb* der x-Achse entspricht, ist der Wert des Integrals negativ (→ Abb. 1).

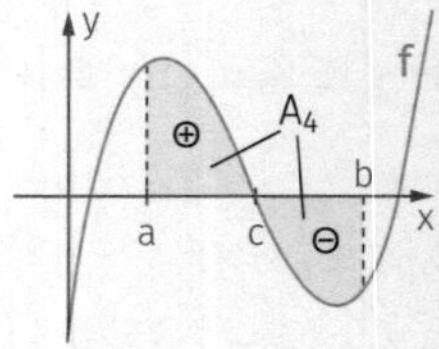

Abb. 1

- Wenn eine Funktion f im Intervall [a; b] Nullstellen hat, müssen die Inhalte der Flächen oberhalb und unterhalb der x-Achse getrennt berechnet werden. Für den Inhalt der gesamten, markierten Fläche A_4 in Abbildung 1 gilt: $A_4 = \left|\int_a^c f(x)\,dx\right| + \left|\int_c^b f(x)\,dx\right|$
- Wenn sich zwei Funktionen f und g im Intervall [a; b] schneiden, muss die von f und g in [a; b] eingeschlossene Fläche abschnittsweise berechnet werden. Für A_5 gilt (→ Abb. 2):
  $A_5 = \left|\int_a^c f(x) - g(x)\,dx\right| + \left|\int_c^b f(x) - g(x)\,dx\right|$

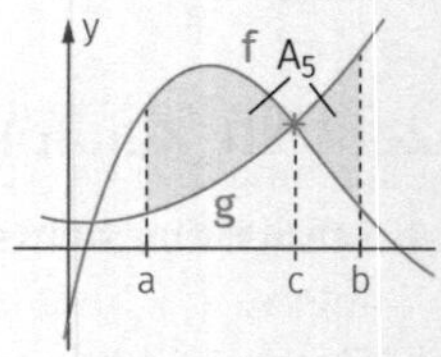

Abb. 2

Abi Tipp

TRICK MIT DEM GTR/CAS

Wenn man einen GTR/CAS benutzen darf, kann man die abschnittsweise Berechnung einer Fläche umgehen, indem man über die **Betragsfunktion |f(x)| bzw. |f(x) – g(x)|** integriert.
Für die Inhalte der in den Abbildungen 1 und 2 dargestellten Flächen gilt dann: $A_4 = \int_a^b |f(x)|\,dx$ und $A_5 = \int_a^b |f(x) - g(x)|\,dx$

Beispiel 3:
Berechnen Sie den Inhalt der Fläche, die von dem Graphen der Funktion f mit $f(x) = x \cdot (x-2)(x-4)$ und der x-Achse eingeschlossen wird.
Lösung:
1. Schritt: Die **Nullstellen von f** sind $x_1 = 0$; $x_2 = 2$ und $x_3 = 4$
(→ Satz vom Nullprodukt, Seite 20).
Es muss also abschnittsweise integriert werden.

2. Schritt: Abschnittsweise Berechnung des Flächeninhalts A.

Es gilt: $A = \left|\int_0^2 f(x)\,dx\right| + \left|\int_2^4 f(x)\,dx\right|.$

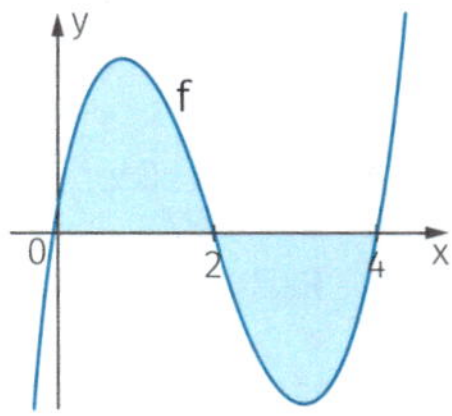

Mit $f(x) = x \cdot (x-2)(x-4) = x^3 - 6x^2 + 8x$ und $F(x) = \frac{1}{4}x^4 - 2x^3 + 4x^2$ erhält man:

$A = \left|\left[\frac{1}{4}x^4 - 2x^3 + 4x^2\right]_0^2\right| + \left|\left[\frac{1}{4}x^4 - 2x^3 + 4x^2\right]_2^4\right|$

$= 4 + 4 = 8$

Beispiel 4:

Gegeben sind die Funktionen f und g mit $f(x) = \frac{1}{2}x^3 - 4x^2 + 8x$ und $g(x) = -x^2 + 4x$.

Die Graphen der Funktionen f und g schneiden sich.

Berechnen Sie den Inhalt der Fläche, die von beiden Graphen eingeschlossen wird.

Lösung:

1. Schritt: Die **Schnittstellen beider Graphen** sind die Lösungen der Gleichung $f(x) = g(x)$. Man erhält: $x_1 = 0$; $x_2 = 2$ und $x_3 = 4$.

2. Schritt: Abschnittsweise Berechnung des Flächeninhalts A:

$A = \left|\int_0^2 f(x) - g(x)\,dx\right| + \left|\int_2^4 f(x) - g(x)\,dx\right|$

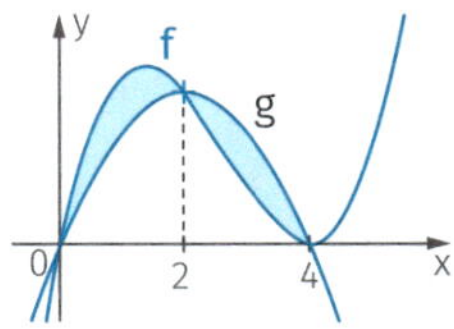

Mit $f(x) - g(x) = \frac{1}{2}x^3 - 3x^2 + 4x$ und

$F(x) - G(x) = \frac{1}{8}x^4 - x^3 + 2x^2$ erhält man:

$A = \left|\left[\frac{1}{8}x^4 - x^3 + 2x^2\right]_0^2\right| + \left|\left[\frac{1}{8}x^4 - x^3 + 2x^2\right]_2^4\right|$

$= 2 + 2 = 4$

Integralfunktion und uneigentliche Integrale

Zentrale Kenntnisse

- **Die Integralfunktion I_a** einer stetigen Funktion f ist definiert als $I_a(x) = \int_a^x f(t)\,dt$ (zur unteren Grenze a).

  Es gilt: $I_a(a) = 0$ und $I_a(x) = F(x) - F(a)$.

- Von **uneigentlichen Integralen** spricht man in folgenden Fällen:

  1. Fall: In einem Integral $\int_a^b f(x)\,dx$ ist eine der beiden Grenzen unendlich groß oder unendlich klein: $a = \pm\infty$ oder $b = \pm\infty$.

  2. Fall: In einem Integral $\int_a^b f(x)\,dx$ gilt für eine der beiden Integrationsgrenzen a und b: $\lim\limits_{x \to a} f(x) \to \pm\infty$ oder $\lim\limits_{x \to b} f(x) \to \pm\infty$.

EINE NÜTZLICHE INTEGRALFUNKTION UND WIE MAN UNEIGENTLICHE INTEGRALE BERECHNET

- Eine spezielle Integralfunktion ist die **Gauß'sche Integralfunktion** $\phi(x) = \int_{-\infty}^{x} \frac{1}{\sqrt{2\pi}} \cdot e^{-\frac{t^2}{2}}\,dt$, mit der man in der Stochastik Wahrscheinlichkeiten berechnen kann (→ Seite 146).
- Zur **Berechnung uneigentlicher Integrale** muss man für die uneigentliche Grenze eine Variable einführen und das Integral in Abhängigkeit von dieser Variable bestimmen. Anschließend berechnet man den Grenzwert, indem man den Wert der Variable gegen die uneigentliche Grenze laufen lässt (→ Beispiel 5).

Beispiel 5:

Der Graph der Funktion f mit $f(x) = e^{-0{,}2x}$ begrenzt im 1. Quadranten mit der x- und y-Achse eine nach rechts offene Fläche. Zeigen Sie, dass der Inhalt dieser Fläche endlich ist und geben Sie dessen Wert an.

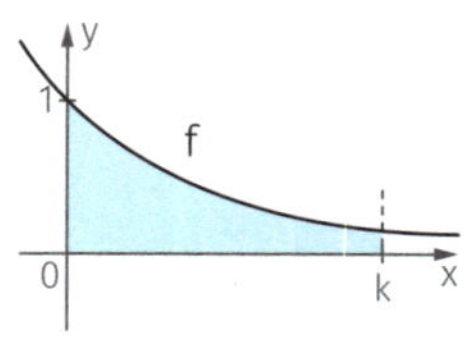

Lösung:

1. Schritt: Bestimmen des Integrals in Abhängigkeit von der Variablen k

Es ist: $\int_0^k e^{-0{,}2x}\,dx = [-5\,e^{-0{,}2x}]_0^k = -5\,e^{-0{,}2k} - (-5\,e^0) = -5\,e^{-0{,}2k} + 5$

2. Schritt: Berechnen des Grenzwerts

Für den gesuchten Flächeninhalt gilt: $A = \lim\limits_{k \to +\infty} (-5\,e^{-0{,}2k} + 5) = \mathbf{5\ FE}$

(Hinweise: FE = Flächeninhalt. Da sich die Fläche oberhalb der x-Achse befindet, kann man die Betragsstriche hier weglassen.)

Änderungsraten und Integrale

Zentrale Kenntnisse

- Ist $f(t)$ im Intervall $[t_1; t_2]$ die momentane Änderungsrate einer Größe G, dann ist die absolute Änderung von G im Intervall $[t_1; t_2]$:
  $$G(t_2) - G(t_1) = \int_{t_1}^{t_2} f(t)\,dt$$
- Kennt man in einem Intervall $[t_1; t_2]$ den Anfangswert $G(t_1)$ und die momentane Änderungsrate $f(t)$, kann man den Endwert $G(t_2)$ der Größe G berechnen. Es gilt: $G(t_2) = G(t_1) + \int_{t_1}^{t_2} f(t)\,dt$

Abi Tipp

ÄNDERUNGSRATEN IN DER PRAXIS

- Die Einheit von Änderungsraten ist in der Regel die Einheit der sich ändernden Größe ***pro Zeiteinheit***. So ist z. B. die Geschwindigkeit $v(t)$ eine solche Änderungsrate, da sie die momentane *Streckenänderung ds pro Zeiteinheit dt* angibt: $v(t) = \frac{ds}{dt}$
- Beim Integrieren fällt in der Einheit der Änderungsrate der Nenner weg (→ Beispiele 6 und 7).

Beispiel 6:

In einem Wassertank einer Gärtnerei befinden sich 150 l Wasser. Nach Beginn eines Regens wird die momentane Zuflussrate des Wassers durch die Funktion w mit $w(t) = 5000 \cdot (e^{-0,5 \cdot t} - e^{-t})$ beschrieben (t in Stunden seit Regenbeginn; $w(t)$ in Liter pro Stunde). Welches Wasservolumen V befindet sich vier Stunden nach Regenbeginn im Tank?

Lösung:
$$V_4 = 150 + \int_0^4 w(t)\,dt = 150 + 5000 \cdot [-2\,e^{-0,5t} + e^{-t}]_0^4 \approx \mathbf{3888\ [Liter]}$$

Beispiel 7:

Die Geschwindigkeit eines Radrennfahrers lässt sich nach dem Start näherungsweise mit der Funktion v mit $v(t) = 12 - 12 \cdot e^{-0,1t}$ beschreiben (t in Sekunden, $v(t)$ in Meter pro Sekunde). Welche Strecke S hat der Radrennfahrer dann in den ersten 5 Minuten zurückgelegt?
(Tipp: Rechnen Sie zuerst 5 Minuten in Sekunden um.)

Lösung:
Es gilt: $S_5 = \int_0^{300} v(t)\,dt = [12t + 120\,e^{-0,1t}]_0^{300} = \mathbf{3480\ [Meter]}$

Mittelwertberechnung mit Integralen

Innerhalb eines Intervalls [a; b] gilt für den mittleren Wert[1] $\overline{m}$ einer stetigen Funktion f: $\mathbf{\overline{m} = \frac{1}{b-a}\int\limits_a^b f(x)\,dx}$

Beispiel 8:
Berechnen Sie die durchschnittliche Geschwindigkeit $\overline{v}$ des Radrennfahrers aus Beispiel 7 mit $v(t) = 12 - 12 \cdot e^{-0,1t}$ in den ersten 5 Minuten. Geben Sie diese Geschwindigkeit in km/h an.

Lösung: $\overline{v} = \frac{1}{300-0}\int\limits_0^{300} v(t)\,dt = \frac{1}{300} \cdot 3480 = 11{,}6\,m/s = \mathbf{41{,}76\,km/h}$

(Hinweis: $1\,m/s = 3{,}6\,km/h$)

INTEGRALRECHNUNG — Checkliste

Folgende Fragen sollten Sie nun mühelos beantworten können:

- Welcher Zusammenhang besteht zwischen einer Funktion f und einer Stammfunktion F?
- Warum gibt es zu jeder Funktion f unendlich viele Stammfunktionen?
- Wie bildet man die Stammfunktionen der wichtigsten Grundfunktionen?
- Wie berechnet man den Wert eines bestimmten Integrals?
- Wie berechnet man den Inhalt einer Fläche, die der Graph einer Funktion f mit der x-Achse und den Grenzen $x = a$ und $x = b$ einschließt? Worauf muss man achten, wenn die Funktion f im Intervall [a; b] Nullstellen hat?
- Wie berechnet man den Inhalt einer Fläche, die in einem Intervall [a; b] von den Graphen zweier Funktionen f und g eingeschlossen wird? Worauf muss man achten, wenn sich die beiden Graphen im Intervall [a; b] schneiden?
- Was sind uneigentliche Integrale und wie berechnet man sie?
- Was versteht man unter einer Integralfunktion?
- Welche Bedeutung hat das Integral $\int\limits_{t_1}^{t_2} f(t)\,dt$, wenn f(t) die momentane Änderungsrate einer Größe angibt?
- Mit welcher Formel berechnet man den Mittelwert einer stetigen Funktion f in einem Intervall [a; b]?

1 Der Mittelwert wird auch „Durchschnitt“ oder „durchschnittlicher Wert“ genannt.

LINEARE GLEICHUNGSSYSTEME

12

Verfahren zur Lösung linearer Gleichungssysteme

Zentrale Kenntnisse

- Ein **lineares Gleichungssystem** (kurz LGS)[1] setzt sich aus mehreren linearen Gleichungen zusammen. Die Zahl n der Variablen und die Zahl der Gleichungen, aus denen ein LGS besteht, sind unabhängig voneinander und können beliebig groß sein.
- Eine **Lösung eines LGS** ist jedes n-Tupel reeller Zahlen für die n Variablen, das *alle* Gleichungen des Gleichungssystems erfüllt.
- Lineare Gleichungssysteme mit zwei Variablen können mit dem **Einsetzungsverfahren** gelöst werden. Dazu drückt man anhand einer Gleichung des Gleichungssystems die erste Variable in Abhängigkeit von der zweiten Variable aus und setzt den entsprechenden Term in die andere(n) Gleichung(en) ein (→ Beispiel 1).
- Lineare Gleichungssysteme mit drei oder mehr Variablen müssen mit dem **Gaußverfahren** gelöst werden.
  Dazu wird das LGS so umgeformt, dass von Zeile zu Zeile jeweils die linke Variable wegfällt, bis das LGS in der sogenannten **Stufenform** vorliegt (→ Beispiel 2).
  Folgende Rechenoperationen sind beim Gaußverfahren erlaubt:
  1. Zwei Zeilen dürfen miteinander vertauscht werden.
  2. Eine Gleichung darf mit einer beliebigen Zahl $\neq 0$ multipliziert bzw. durch diese dividiert werden.
  3. Eine Gleichung des LGS darf durch die Summe bzw. Differenz zweier Gleichungen des LGS ersetzt werden.

---

1 In diesem Buch werden die LGS mit senkrechten Strichen dargestellt. Das ist nicht überall so. Verwenden Sie, wie immer, die bei Ihnen „übliche" Darstellungsweise.

Beispiel 1:

Bestimmen Sie mithilfe des Einsetzungsverfahrens die Lösungsmenge des Gleichungssystems

$$\left| \begin{array}{l} -4 + 2y = -12 + 4x \\ 12 + 3y = 15 + 3x \end{array} \right| \quad \begin{array}{l} (\mathrm{I}) \\ (\mathrm{II}) \end{array}$$

Lösung:

Umstellen von Gleichung (I) nach y ergibt: $y = 2x - 4$

Einsetzen in Gleichung (II) ergibt: $12 + 3 \cdot \mathbf{(2x - 4)} = 15 + 3x \Leftrightarrow \mathbf{x = 5}$

Einsetzen von $x = 5$ in die Gleichung $y = 2x - 4$ ergibt: $\mathbf{y = 6}$

Die Lösungsmenge ist also $\mathbf{L = \{5 | 6\}}$.

Beispiel 2:

Geben Sie die Lösungsmenge des folgenden Gleichungssystems an:

$$\left| \begin{array}{rl} -5x_1 + x_2 - 3x_3 = & 7 \\ 5x_1 - 3x_2 - x_3 = & -11 \\ x_1 + 2x_3 = & 1 \end{array} \right| \quad \begin{array}{l} (\mathrm{I}) \\ (\mathrm{II}) \\ (\mathrm{III}) \end{array}$$

Lösung:

Umformen in die Stufenform ergibt:

$$\left| \begin{array}{rl} -5x_1 + x_2 - 3x_3 = & 7 \\ -2x_2 - 4x_3 = & -4 \\ x_2 + 7x_3 = & 12 \end{array} \right| \quad \begin{array}{l} (\mathrm{IV}) \\ (\mathrm{V}) = (\mathrm{I}) + (\mathrm{II}) \\ (\mathrm{VI}) = (\mathrm{I}) + 5 \cdot (\mathrm{III}) \end{array}$$

$$\left| \begin{array}{rl} -5x_1 + x_2 - 3x_3 = & 7 \\ -2x_2 - 4x_3 = & -4 \\ 10x_3 = & 20 \end{array} \right| \quad \begin{array}{l} (\mathrm{VII}) \\ (\mathrm{VIII}) \\ (\mathrm{IX}) = (\mathrm{V}) + 2 \cdot (\mathrm{VI}) \end{array}$$

Aus Gleichung (IX) folgt: $\mathbf{x_3 = 2}$.

Einsetzen in Gleichung (VIII) ergibt: $-2x_2 - 8 = -4 \Leftrightarrow \mathbf{x_2 = -2}$

Einsetzen von $x_2 = -2$ und $x_3 = 2$ in Gleichung (VII) ergibt:

$-5x_1 - 2 - 6 = 7 \Leftrightarrow \mathbf{x_1 = -3}$

Die Lösungsmenge ist also $\mathbf{L = \{-3 | -2 | 2\}}$.

BESONDERE LÖSUNGEN

- Wenn in der unteren Zeile einer Stufenform die Gleichung $\mathbf{0 \cdot x_n = 0}$ steht, hat das entsprechende LGS unendlich viele Lösungen. Die Lösungsmenge eines solchen LGS kann man angeben, indem man $x_n = t$ setzt (mit $t \in \mathbb{R}$) und alle anderen $(n - 1)$ Variablen in Abhängigkeit von t beschreibt.
- Wenn in der unteren Zeile einer Stufenform die Gleichung $\mathbf{0 \cdot x_n = a}$ (mit $a \neq 0$) steht, hat das entsprechende LGS keine Lösung.

Bedeutung linearer Gleichungssysteme in der analytischen Geometrie

Zentrale Kenntnisse

- Ein lineares Gleichungssystem mit **drei Gleichungen und einer Variablen** kommt dann vor, wenn man die **Richtung zweier Vektoren** miteinander vergleicht (→ Seiten 99 und 100, Beispiele 1 und 2).
- Ein lineares Gleichungssystem mit **drei Gleichungen und zwei Variablen** muss gelöst werden, wenn man die **Schnittmenge zweier Geraden** berechnen will (→ Seite 100, Beispiel 1).
- Ein lineares Gleichungssystem mit **zwei Gleichungen und drei Variablen** muss gelöst werden, wenn man die **Schnittmenge zweier Ebenen** berechnen will (→ Seite 101, Beispiel 3) und wenn man einen **Normalenvektor einer Ebene** mithilfe von zwei Skalarprodukten bestimmen will (→ Seite 93, Beispiel 4).

Beispiel 3: (Vergleich zweier Vektoren, 3 Gleichungen und 1 Variable)
Bestimmen Sie die Lösung des Gleichungssystems:

$$\left|\begin{array}{rl} -6 = & 2k \\ 15 = & -5k \\ 9 = & -3k \end{array}\right| \quad \begin{array}{l} \text{(I)} \\ \text{(II)} \\ \text{(III)} \end{array}$$

Lösung:
Aus Gleichung (I) folgt: $k = -3$.
Einsetzen in Gleichung (II) ergibt: $15 = 15$, wahre Aussage.
Einsetzen in Gleichung (III) ergibt: $9 = 9$, wahre Aussage.
Somit ist $\mathbf{k = -3}$ die Lösung des Gleichungssystems.

Abi Tipp

DREI GLEICHUNGEN – ZWEI VARIABLEN

Ein Gleichungssystem aus 3 Gleichungen und 2 Variablen kann elegant gelöst werden, indem man zuerst die dritte Gleichung ignoriert und die Lösung des reduzierten Gleichungssystems bestimmt.
Anschließend macht man mit der dritten Gleichung die Probe, ob die Lösung für das reduzierte Gleichungssystem auch eine Lösung für das gesamte Gleichungssystem ist (→ Beispiel 4).

Beispiel 4: (Schnitt zweier Geraden, 3 Gleichungen und 2 Variablen)
Bestimmen Sie die Lösung des Gleichungssystems:

$$\left| \begin{aligned} 1-2s &= t \\ s &= 5+t \\ -5+3s &= 7+2t \end{aligned} \right| \quad \begin{aligned} &(\text{I}) \\ &(\text{II}) \\ &(\text{III}) \end{aligned}$$

Lösung:

Zunächst betrachtet man nur die Gleichungen (I) und (II):
Einsetzen von $s = 5 + t$ in Gleichung (I) ergibt:
$1 - 2 \cdot (5 + t) = t \Leftrightarrow \mathbf{t = -3}$.
Einsetzen von $t = -3$ in Gleichung (II) ergibt $\mathbf{s = 2}$.
$s = 2$ und $t = -3$ ist aber nur die Lösung für die Gleichungen (I) und (II).
Die Probe mit Gleichung (III) ergibt:
$-5 + 3 \cdot 2 = 7 + 2 \cdot (-3) \Leftrightarrow 1 = 1$, wahre Aussage.
$\mathbf{s = 2}$ **und** $\mathbf{t = -3}$ ist also auch die Lösung des *gesamten* LGS.

Abi Tipp

ZWEI GLEICHUNGEN – DREI VARIABLEN

Ein Gleichungssystem, das aus 2 Gleichungen und 3 Variablen besteht, hat entweder keine Lösung oder unendlich viele Lösungen, die mithilfe eines Parameters (zum Beispiel „t") angegeben werden können (→ Beispiel 5).

Beispiel 5 : (Schnitt zweier Ebenen, 2 Gleichungen und 3 Variablen)
Bestimmen Sie die Lösungsmenge des Gleichungssystems:

$$\left| \begin{aligned} 4x_1 - 2x_2 + x_3 &= 31 \\ 2x_1 - 3x_2 + x_3 &= 7 \end{aligned} \right| \quad \begin{aligned} &(\text{I}) \\ &(\text{II}) \end{aligned}$$

Lösung:

Umformen zur Stufenform ergibt:

$$\left| \begin{aligned} 4x_1 - 2x_2 + x_3 &= 31 \\ 4x_2 - x_3 &= 17 \end{aligned} \right| \quad \begin{aligned} &(\text{III}) \\ &(\text{IV}) = (\text{I}) - 2 \cdot (\text{II}) \end{aligned}$$

Mit $\mathbf{x_2 = t}$ erhält man aus Gleichung (IV): $\mathbf{x_3 = -17 + 4t}$. Einsetzen von $x_2 = t$ und $x_3 = -17 + 4t$ in Gleichung (III) ergibt: $\mathbf{x_1 = 12 - 0{,}5t}$.
Die Lösungsmenge ist $\mathbf{L = \{12 - 0{,}5t \mid t \mid -17 + 4t\}}$ **mit** $\mathbf{t \in \mathbb{R}}$.

Abi Tipp

SPEZIALFALL „NORMALENVEKTOR"

Wenn man einen **Normalenvektor einer Ebene** mithilfe zweier Skalarprodukte bestimmen will, erhält man ebenfalls ein LGS, das aus 2 Gleichungen und 3 Variablen besteht (→ Seite 93).
In diesem Fall genügt aber **nur eine Lösung** des LGS, die man sich ausdenken darf (→ Beispiel 6).

Beispiel 6: (Normalenvektor, 2 Gleichungen und 3 Variablen)
Geben Sie eine einzige Lösung des folgenden Gleichungssystems an:

$$\left| \begin{array}{r} -2n_1 + 1n_2 + 4n_3 = 0 \\ 1n_1 + 3n_2 - 1n_3 = 0 \end{array} \right| \quad \begin{array}{l} \text{(I)} \\ \text{(II)} \end{array}$$

Lösung:
Umformen zur Stufenform ergibt:

$$\left| \begin{array}{r} -2n_1 + 1n_2 + 4n_3 = 0 \\ 7n_2 + 2n_3 = 0 \end{array} \right| \quad \begin{array}{l} \text{(III)} \\ \text{(IV)} = 2 \cdot \text{(II)} + \text{(I)} \end{array}$$

Eine Lösung von Gleichung (IV) ist $\mathbf{n_2 = 2}$ **und** $\mathbf{n_3 = -7}$. Einsetzen in Gleichung (III) ergibt $\mathbf{n_1 = -13}$.

Abi Tipp

RECHENTRICK FÜR DEN NORMALENVEKTOR

Eine Lösung von Gleichungen der Art $\mathbf{a \cdot n_2 + b \cdot n_3 = 0}$ ist immer durch die Koeffizienten a und b angegeben; nämlich $n_2 = b$ und $n_3 = -a$.

LINEARE GLEICHUNGSSYSTEME — Checkliste

Folgende Fragen sollten Sie nun mühelos beantworten können:

- Wie bestimmt man mit dem Gaußverfahren die Lösungsmenge eines linearen Gleichungssystems?
- Wie bestimmt man mit dem Einsetzungsverfahren die Lösungsmenge eines linearen Gleichungssystems?
- Wann sollte man das Gaußverfahren und wann das Einsetzungsverfahren anwenden?
- Wie bestimmt man anhand der Stufenform eines LGS die Lösungsmenge des LGS? Welche Bedeutung haben in einer Stufenform Gleichungen der Art $0 \cdot x_n = 0$ und $0 \cdot x_n = a$ (mit $a \neq 0$)?
- Wie kann man die Lösungsmenge eines Gleichungssystems angeben, wenn das Gleichungssystem unendlich viele, bestimmbare Lösungen hat?
- Welche Gleichungssysteme kommen in der analytischen Geometrie vor und welche geometrische Bedeutung haben sie?

13 VEKTORRECHNUNG

Punkte und Vektoren im kartesischen Koordinatensystem

Zentrale Kenntnisse

- Ein **kartesisches Koordinatensystem** besteht aus zueinander senkrecht stehenden Achsen, auf denen jeweils im gleichen Abstand (der sogenannten Längeneinheit LE) die Achsenkoordinaten vorgegeben sind.
- **Punktkoordinaten** legen den genauen Ort eines Punktes im Koordinatensystem fest. Sie werden nebeneinander in eine Klammer geschrieben und sind durch einen Strich getrennt: $A(a_1|a_2|a_3)$, mit $a_1, a_2, a_3 \in \mathbb{R}$.
- **Ortsänderungen** von einem Punkt zu einem anderen werden in der analytischen Geometrie mit einem Pfeil dargestellt. Die Pfeillänge gibt an, um welche Strecke ein Punkt oder eine ganze Figur in die vorgegebene Richtung verschoben werden soll.
- Ein **Vektor** ist die Menge aller Pfeile, die in dieselbe Richtung zeigen und dieselbe Länge haben. Gewöhnlich stellt man einen Vektor nur durch einen einzigen Pfeil dar.
- **Vektorschreibweise**: Vektoren werden entweder mit einem Kleinbuchstaben oder zwei Großbuchstaben dargestellt, jeweils mit einem Pfeil darüber: $\vec{a}$ bzw. $\overrightarrow{AB}$. In der Schreibweise mit zwei Großbuchstaben steht der erste Buchstabe für den Punkt des Pfeilanfangs, der zweite Buchstabe für den Punkt am Pfeilende.
- **Vektorkoordinaten** werden im Gegensatz zu Punktkoordinaten übereinander geschrieben: $\vec{a} = \begin{pmatrix} a_1 \\ a_2 \\ a_3 \end{pmatrix}$ oder $\overrightarrow{AB} = \begin{pmatrix} v_1 \\ v_2 \\ v_3 \end{pmatrix}$.
  Die Lage des Pfeilendes B erhält man,
  indem man vom Pfeilanfang A aus:
  um v_1 LE parallel zur x_1-Achse, dann
  um v_2 LE parallel zur x_2-Achse weiter und schließlich
  um v_3 LE parallel zur x_3-Achse geht.

Beispiel 1: Ein Punkt im kartesischen Koordinatensystem

Tragen Sie den Punkt A(1|2|3) in ein kartesisches Koordinatensystem ein.

Lösung:

Die Lage des Punktes A(1|2|3) erhält man, indem man vom Ursprung O aus 1 Längeneinheit (LE) entlang der x_1-Achse, dann 2 LE parallel zur x_2-Achse und schließlich 3 LE in Richtung der x_3-Achse geht.

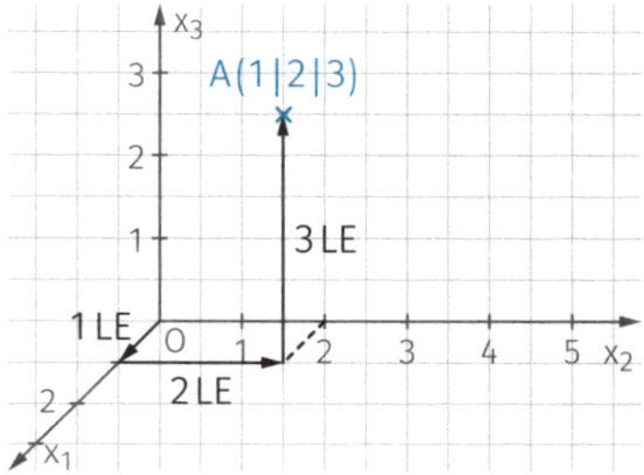

Bei negativen Koordinaten trägt man die Längeneinheiten in die entgegengesetzte Achsenrichtung ab.

Beispiel 2: Ein Vektor in einem Koordinatensystem

Zeichnen Sie den Vektor $\overrightarrow{AB} = \begin{pmatrix} 3 \\ 2 \end{pmatrix}$ in ein 2-dimensionales kartesisches Koordinatensystem.

Lösung:

Zum Pfeilende B des Vektors $\overrightarrow{AB} = \begin{pmatrix} 3 \\ 2 \end{pmatrix}$ gelangt man, wenn man vom Pfeilanfang A aus 3 LE parallel zur x_1-Achse und anschließend 2 LE parallel zur x_2-Achse geht. Der Ort des Pfeilanfangs A ist hier beliebig. Bei negativen Vektorkoordinaten muss man in die entgegengesetzte Achsenrichtung gehen.

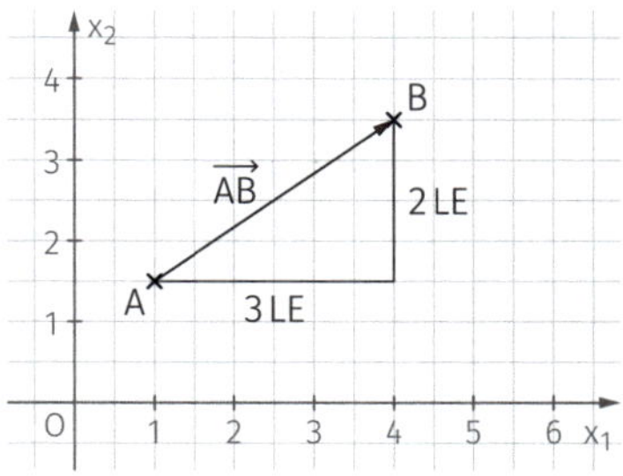

ORTSVEKTOREN UND BASISVEKTOREN

Mit einem **Ortsvektor** wird die Lage eines Punktes vektoriell beschrieben. Mit dem Ortsvektor $\vec{p}$ eines Punktes P bezeichnet man den Vektor zwischen dem Ursprung O und dem Punkt P: $\vec{p} = \overrightarrow{OP}$. Der Ortsvektor eines Punktes $P(p_1|p_2|p_3)$ hat die gleichen Koordinaten wie P: $\vec{p} = \overrightarrow{OP} = \begin{pmatrix} p_1 \\ p_2 \\ p_3 \end{pmatrix}$

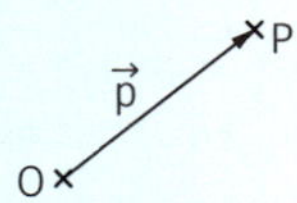

Die **Basisvektoren** des Koordinatensystems geben die Richtungen der Koordinatenachsen an. Üblicherweise nimmt man als Basisvektoren des kartesischen Koordinatensystems im Raum die Vektoren:

$\overrightarrow{b_1} = \begin{pmatrix} 1 \\ 0 \\ 0 \end{pmatrix}$ (x_1-Achse) $\overrightarrow{b_2} = \begin{pmatrix} 0 \\ 1 \\ 0 \end{pmatrix}$ (x_2-Achse) $\overrightarrow{b_3} = \begin{pmatrix} 0 \\ 0 \\ 1 \end{pmatrix}$ (x_3-Achse)

Rechnen mit Vektoren

Zentrale Kenntnisse

- Der **Betrag eines Vektors** ist die Länge des entsprechenden Pfeils.
  Für den Betrag des Vektors $\vec{v} = \begin{pmatrix} v_1 \\ v_2 \end{pmatrix}$ gilt: $|\vec{v}| = \sqrt{(v_1)^2 + (v_2)^2}$
  Entsprechend gilt für $\vec{v} = \begin{pmatrix} v_1 \\ v_2 \\ v_3 \end{pmatrix}$: $|\vec{v}| = \sqrt{(v_1)^2 + (v_2)^2 + (v_3)^2}$
- Das **Vielfache eines Vektors**: Für die Berechnung des Produkts $k \cdot \vec{v}$ (mit $k \in \mathbb{R}$) muss man jede Vektorkoordinate mit k multiplizieren.
  Der Vektor $k \cdot \vec{v}$ zeigt in dieselbe Richtung wie $\vec{v}$ und ist k-mal so lang wie $\vec{v}$. Es gilt: $k \cdot \vec{v} = k \cdot \begin{pmatrix} v_1 \\ v_2 \\ v_3 \end{pmatrix} = \begin{pmatrix} k \cdot v_1 \\ k \cdot v_2 \\ k \cdot v_3 \end{pmatrix}$
- Der **Gegenvektor eines Vektors** $\vec{v}$ ist gleich lang wie $\vec{v}$, zeigt aber in die entgegengesetzte Richtung.
  Der Gegenvektor von $\vec{v}$ ist der Vektor $-1 \cdot \vec{v} = -\vec{v}$.
- Die **Summe zweier Vektoren** $\vec{a}$ und $\vec{b}$ erhält man, indem man den Anfang des Vektors $\vec{b}$ an die Spitze des Vektors $\vec{a}$ anlegt.
  Der Vektor $\vec{a} + \vec{b}$ zeigt vom Anfang des Vektors $\vec{a}$ zur Spitze des Vektors $\vec{b}$.
  (Zur Berechnung → Kasten Seite 87 unten.)

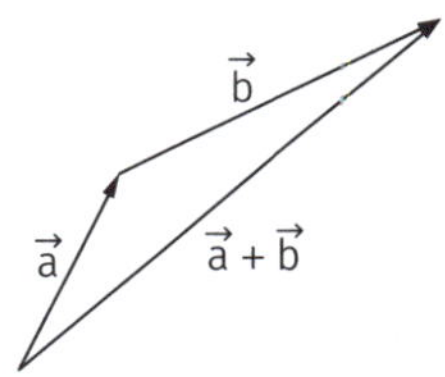

- Die **Differenz** $\vec{a} - \vec{b}$ zweier Vektoren $\vec{a}$ und $\vec{b}$ erhält man, indem man den Gegenvektor von $\vec{b}$ zum Vektor $\vec{a}$ addiert.
  Es gilt: $\vec{a} - \vec{b} = \vec{a} + (-\vec{b})$

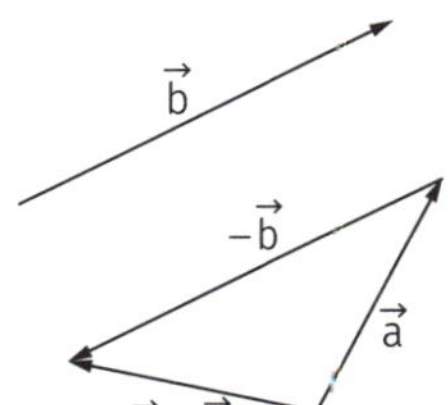

- Für den **Vektor $\overrightarrow{AB}$ zwischen zwei Punkten A und B** gilt: $\overrightarrow{AB} = \vec{b} - \vec{a}$
- Die **Mitte zwischen zwei Punkten:** Der Mittelpunkt $M(m_1|m_2|m_3)$ zwischen den Punkten $A(a_1|a_2|a_3)$ und $B(b_1|b_2|b_3)$ hat den Ortsvektor $\overrightarrow{OM} = \frac{1}{2}(\vec{a} + \vec{b})$ und die Koordinaten
  $m_1 = \frac{a_1 + b_1}{2}$, $m_2 = \frac{a_2 + b_2}{2}$, $m_3 = \frac{a_3 + b_3}{2}$.
- Für das **Skalarprodukt zweier Vektoren** $\vec{a}$ und $\vec{b}$ gilt:
  $\vec{a} \cdot \vec{b} = \begin{pmatrix} a_1 \\ a_2 \\ a_3 \end{pmatrix} \cdot \begin{pmatrix} b_1 \\ b_2 \\ b_3 \end{pmatrix} = a_1 \cdot b_1 + a_2 \cdot b_2 + a_3 \cdot b_3$

- Der **Winkel α zwischen zwei Vektoren** $\vec{a}$ und $\vec{b}$ kann mit dem Skalarprodukt und den Beträgen der Vektoren $\vec{a}$ und $\vec{b}$ berechnet werden.
  Es gilt: $\cos\alpha = \frac{\vec{a}\cdot\vec{b}}{|\vec{a}|\cdot|\vec{b}|}$ und $\alpha = \cos^{-1}\frac{\vec{a}\cdot\vec{b}}{|\vec{a}|\cdot|\vec{b}|}$.
  Falls $\vec{a}\cdot\vec{b} = 0$ ist, gilt $\vec{a} \perp \vec{b}$.

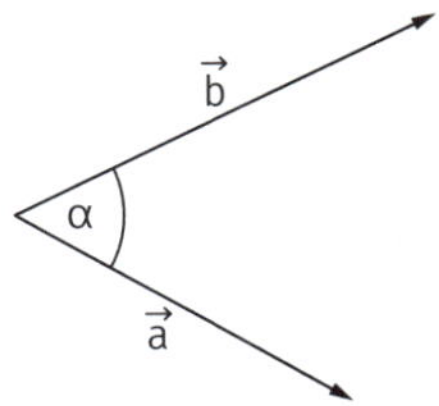

Abi Tipp

VORSICHT FALLE!

In einigen Formelsammlungen ist die Formel $\cos\alpha = \frac{\vec{a}\cdot\vec{b}}{|\vec{a}|\cdot|\vec{b}|}$ mit großen Betragsstrichen auf der rechten Seite bzw. mit „$|\vec{a}\cdot\vec{b}|$" angegeben.
Damit wird immer nur ein spitzer Winkel α berechnet. Wenn man aber die Innenwinkel eines Dreiecks oder Vielecks berechnen soll, liefert die Formel mit den großen Betragsstrichen bei *stumpfen* Innenwinkeln ein falsches Ergebnis!

Beispiel 3: Betrag und Vielfaches eines Vektors

a) Berechnen Sie den Betrag des Vektors $\vec{v} = \begin{pmatrix} -2 \\ 4 \\ 3 \end{pmatrix}$.

b) Geben Sie das 5-fache des Vektors $\vec{a} = \begin{pmatrix} 3 \\ 0 \\ -1{,}2 \end{pmatrix}$ an.

Lösung:

a) Es ist $|\vec{v}| = \sqrt{(-2)^2 + (4)^2 + (3)^2} = \sqrt{29} \approx 5{,}39$

b) $5\cdot\vec{a} = 5\cdot\begin{pmatrix} 3 \\ 0 \\ -1{,}2 \end{pmatrix} = \begin{pmatrix} 15 \\ 0 \\ -6 \end{pmatrix}$

Die Summe bzw. Differenz zweier Vektoren wird berechnet, indem man die jeweiligen Vektorkoordinaten addiert bzw. voneinander abzieht:

$\vec{a} + \vec{b} = \begin{pmatrix} a_1 \\ a_2 \\ a_3 \end{pmatrix} + \begin{pmatrix} b_1 \\ b_2 \\ b_3 \end{pmatrix} = \begin{pmatrix} a_1 + b_1 \\ a_2 + b_2 \\ a_3 + b_3 \end{pmatrix}$ und $\vec{a} - \vec{b} = \begin{pmatrix} a_1 \\ a_2 \\ a_3 \end{pmatrix} - \begin{pmatrix} b_1 \\ b_2 \\ b_3 \end{pmatrix} = \begin{pmatrix} a_1 - b_1 \\ a_2 - b_2 \\ a_3 - b_3 \end{pmatrix}$

Beispiel 4: Summe und Differenz zweier Vektoren

Berechnen Sie:

a) $\begin{pmatrix} 1 \\ 0 \\ -2 \end{pmatrix} + \begin{pmatrix} 4 \\ -2 \\ 5 \end{pmatrix}$

b) $\begin{pmatrix} 0 \\ -3 \\ 5 \end{pmatrix} - \begin{pmatrix} -1 \\ 5 \\ 8 \end{pmatrix}$

Lösung:

a) $\begin{pmatrix} 1 \\ 0 \\ -2 \end{pmatrix} + \begin{pmatrix} 4 \\ -2 \\ 5 \end{pmatrix} = \begin{pmatrix} 5 \\ -2 \\ 3 \end{pmatrix}$ b) $\begin{pmatrix} 0 \\ -3 \\ 5 \end{pmatrix} - \begin{pmatrix} -1 \\ 5 \\ 8 \end{pmatrix} = \begin{pmatrix} 1 \\ -8 \\ -3 \end{pmatrix}$

Beispiel 5: Vektor zwischen zwei Punkten

Wie lautet der Vektor $\overrightarrow{AB}$ zwischen den Punkten $A(1|-4|3)$ und $B(0|2|-5)$?

Lösung:

Es ist: $\overrightarrow{AB} = \vec{b} - \vec{a} = \begin{pmatrix} 0 \\ 2 \\ -5 \end{pmatrix} - \begin{pmatrix} 1 \\ -4 \\ 3 \end{pmatrix} = \begin{pmatrix} -1 \\ 6 \\ -8 \end{pmatrix}$

Beispiel 6: Die Mitte zwischen zwei Punkten

Berechnen Sie die Koordinaten des Mittelpunkts M zwischen den Punkten $A(2|-5|7)$ und $B(6|3|-1)$.

Lösung:

Es ist: $m_1 = \frac{2+6}{2} = 4,\ m_2 = \frac{-5+3}{2} = -1,\ m_3 = \frac{7+(-1)}{2} = 3 \Rightarrow M(4|-1|3)$.

Beispiel 7: Senkrechte Vektoren

Prüfen Sie, ob die Vektoren $\vec{a} = \begin{pmatrix} 1 \\ 4 \\ -2 \end{pmatrix}$ und $\vec{b} = \begin{pmatrix} 2 \\ 1 \\ 3 \end{pmatrix}$ senkrecht aufeinander stehen.

Lösung:

Es ist: $\vec{a} \cdot \vec{b} = 1 \cdot 2 + 4 \cdot 1 + (-2) \cdot 3 = 2 + 4 - 6 = 0 \Rightarrow \vec{a} \perp \vec{b}$

Beispiel 8: Der Winkel zwischen zwei Vektoren

Berechnen Sie den Winkel zwischen $\vec{a} = \begin{pmatrix} 2 \\ 0 \\ -3 \end{pmatrix}$ und $\vec{b} = \begin{pmatrix} 1 \\ 4 \\ 2 \end{pmatrix}$.

Lösung:

Mit $\vec{a} \cdot \vec{b} = -4$ und $|\vec{a}| = \sqrt{13}$ und $|\vec{b}| = \sqrt{21}$ folgt:

$\cos\alpha = \frac{-4}{\sqrt{13} \cdot \sqrt{21}} \Rightarrow \alpha \approx 104°$

Abi Tipp

DIE INNENWINKEL EINES VIELECKS

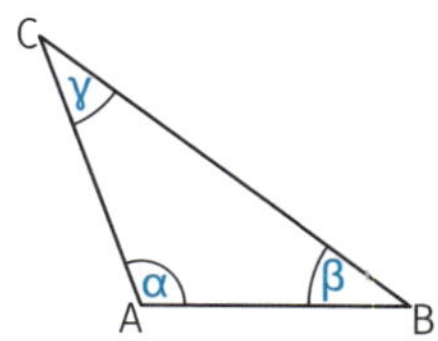

Wenn Sie die Innenwinkel in einem Vieleck berechnen sollen, müssen Sie die Formel $\cos\alpha = \frac{\vec{a} \cdot \vec{b}}{|\vec{a}| \cdot |\vec{b}|}$ benutzen (also *ohne* große Betragsstriche auf der rechten Seite.) Außerdem müssen beide benutzten Vektoren von der entsprechenden Ecke wegzeigen. Zur Berechnung des Winkels α in der Skizze benötigen Sie also die Vektoren $\overrightarrow{AB}$ und $\overrightarrow{AC}$.

Lineare Abhängigkeit und Unabhängigkeit

Zentrale Kenntnisse

- Als **Linearkombination** der n Vektoren $\vec{v_1}, \vec{v_2}, ..., \vec{v_n}$ bezeichnet man die Summe $k_1 \cdot \vec{v_1} + k_2 \cdot \vec{v_2} + ... + k_n \cdot \vec{v_n}$; mit $k_1, k_2, ..., k_n \in \mathbb{R}$.
- **Nullvektor $\vec{0}$:** Ein Vektor, dessen Koordinaten alle 0 sind, nennt man einen Nullvektor.
- n Vektoren $\vec{v_1}, \vec{v_2}, ..., \vec{v_n}$ sind **linear unabhängig** voneinander, wenn die Gleichung $k_1 \cdot \vec{v_1} + k_2 \cdot \vec{v_2} + ... + k_n \cdot \vec{v_n} = \vec{0}$ nur die Lösung $k_1 = k_2 = ... = k_n = 0$ hat. Anschaulich bedeutet dies, dass dann keiner der n Vektoren als Linearkombination der anderen $(n-1)$ Vektoren beschrieben werden kann.
- **Vektorgleichungen als Gleichungssysteme:** Jede Vektorgleichung kann auch als Gleichungssystem geschrieben werden. Die Anzahl der Koordinaten jedes Vektors gibt an, aus wie vielen Gleichungen das Gleichungssystem besteht.

Beispiel 9: Lineare Abhängigkeit und Unabhängigkeit

Überprüfen Sie, ob die Vektoren $\vec{a} = \begin{pmatrix} 1 \\ -2 \end{pmatrix}$ und $\vec{b} = \begin{pmatrix} 1{,}5 \\ -3 \end{pmatrix}$. linear unabhängig voneinander sind.

Die Vektorgleichung $k_1 \cdot \vec{a} + k_2 \cdot \vec{b} = \vec{0}$ kann als folgendes Gleichungssystem geschrieben werden:

$$\left| \begin{array}{l} 1k_1 + 1{,}5k_2 = 0 \\ -2k_1 - 3k_2 = 0 \end{array} \right| \quad \begin{array}{l} (I) \\ (II) \end{array}$$

Lösung:

Die Lösung dieses Gleichungssystem ist $k_1 = 3$ und $k_2 = -2$.
Damit sind beide Vektoren **linear abhängig** voneinander.

Abi Tipp

LINEARE ABHÄNGIGKEIT VON ZWEI VEKTOREN

Wenn man nur *zwei* Vektoren auf lineare Abhängigkeit untersuchen soll, braucht man nur zu überprüfen, ob der eine Vektor ein Vielfaches des anderen ist. Falls dies zutrifft, sind beide Vektoren linear abhängig voneinander. Im obigen Beispiel gilt: $1{,}5 \cdot \vec{a} = \vec{b}$

Beispiel 10: Lineare Abhängigkeit und Unabhängigkeit

Überprüfen Sie, ob die Vektoren $\vec{a} = \begin{pmatrix} 2 \\ 0 \\ 0 \end{pmatrix}$; $\vec{b} = \begin{pmatrix} 3 \\ -1 \\ 0 \end{pmatrix}$ und $\vec{c} = \begin{pmatrix} 0 \\ 0 \\ 1 \end{pmatrix}$ linear unabhängig voneinander sind.

Die Vektorgleichung $k_1 \cdot \vec{a} + k_2 \cdot \vec{b} + k_3 \cdot \vec{c} = 0$ k ann als folgendes Gleichungssystem geschrieben werden:

$$\begin{vmatrix} 2k_1 + 3k_2 + 0k_3 = 0 \\ 0k_1 - 1k_2 + 0k_3 = 0 \\ 0k_1 + 0k_2 + 1k_3 = 0 \end{vmatrix}$$

Lösung:

Die einzige Lösung dieses Gleichungssystems ist $k_1 = k_2 = k_3 = 0$.
Somit sind die drei Vektoren $\vec{a}$, $\vec{b}$ und $\vec{c}$ linear unabhängig voneinander.
(*Hinweis:* In diesem Beispiel liegt das Gleichungssystem bereits als Stufenform vor. Wie man beliebige Gleichungssysteme in eine Stufenform umformt, wurde in Kapitel 12 auf Seite 79 beschrieben.)

VEKTORRECHNUNG — Checkliste

Folgende Fragen sollten Sie nun mühelos beantworten können:

- Wie trägt man einen Punkt in ein kartesisches Koordinatensystem ein?
- Was versteht man unter den Begriffen „Vektor“, „Basisvektor“ und „Ortsvektor“?
- Wie berechnet man die Länge bzw. den Betrag eines Vektors?
- Wie berechnet man das Vielfache eines Vektors?
- Was bedeuten die Summe und die Differenz zweier Vektoren geometrisch und wie berechnet man sie?
- Wie berechnet man die Koordinaten des Mittelpunkts zwischen zwei Punkten?
- Wie berechnet man das Skalarprodukt zwischen zwei Vektoren?
- Wie überprüft man, ob zwei Vektoren senkrecht zueinander sind?
- Wie berechnet man den Winkel zwischen zwei Vektoren?
- Was bedeuten die Begriffe „lineare Unabhängigkeit“ und „lineare Abhängigkeit“ von Vektoren?
- Wie überprüft man, ob mehrere Vektoren linear unabhängig voneinander sind?

GERADEN- UND EBENENGLEICHUNGEN

Parametergleichungen von Geraden und Ebenen

Zentrale Kenntnisse

- Die **Parametergleichung einer Geraden** ist $\vec{x} = \vec{p} + t \cdot \vec{v}$; mit $t \in \mathbb{R}$. Darin ist $\vec{p}$ der Stützvektor und $\vec{v}$ der Richtungsvektor der Geraden.

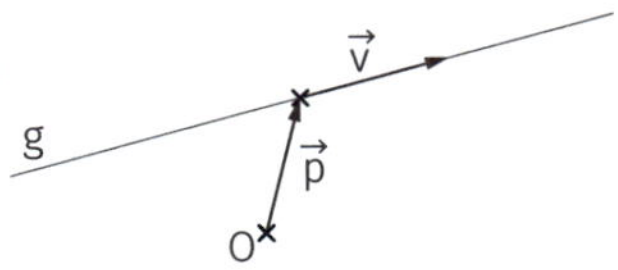

- Die **Parametergleichung einer Ebene** ist $\vec{x} = \vec{p} + r \cdot \vec{u} + s \cdot \vec{v}$; mit $r; s \in \mathbb{R}$. Darin ist $\vec{p}$ der Stützvektor der Ebene. Die Vektoren $\vec{u}$ und $\vec{v}$ sind die Spannvektoren der Ebene. Hinweis: Statt *„Parametergleichung“* wird auch oft der Begriff **„Parameterform“** verwendet.

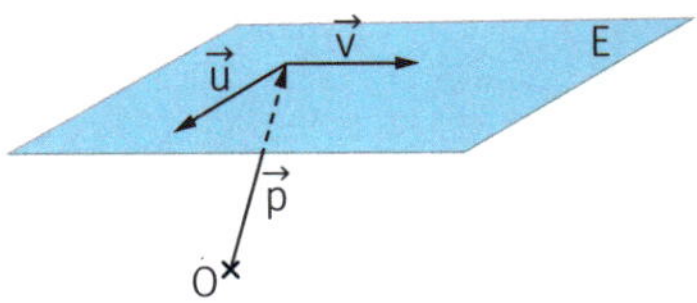

- Ein Punkt X liegt dann auf einer Geraden $g: \vec{x} = \vec{p} + t \cdot \vec{v}$, wenn es ein $t \in \mathbb{R}$ gibt, sodass der Ortsvektor $\vec{x}$ von X die Vektorgleichung $\vec{x} = \vec{p} + t \cdot \vec{v}$ erfüllt.
- Ein Punkt X liegt dann auf einer Ebene $E: \vec{x} = \vec{p} + r \cdot \vec{u} + s \cdot \vec{v}$, wenn es für r und s Werte gibt, sodass der Ortsvektor $\vec{x}$ von X die Ebenengleichung $\vec{x} = \vec{p} + r \cdot \vec{u} + s \cdot \vec{v}$ erfüllt.

Abi Tipp

STÜTZ- UND SPANNVEKTOREN

- Die **Koordinaten des Stützvektors** einer Geraden bzw. Ebene sind immer auch die Koordinaten eines Punktes der Geraden bzw. der Ebene.
- Als **Spannvektoren $\vec{u}$ und $\vec{v}$ einer Ebene** können alle Vektoren verwendet werden, die in der Ebene liegen und nicht parallel zueinander sind.

Beispiel 1: Geradengleichung aufstellen und Punktprobe

Bestimmen Sie eine Gleichung der Geraden g, die durch die Punkte A(3 | −1 | 0) und B(5 | 2 | −2) verläuft.
Zeigen Sie außerdem, dass C(7 | 5 | −4) auf der Geraden g liegt.

Ein Richtungsvektor der Geraden g ist $\overrightarrow{AB} = \begin{pmatrix} 5 \\ 2 \\ -2 \end{pmatrix} - \begin{pmatrix} 3 \\ -1 \\ 0 \end{pmatrix} = \begin{pmatrix} 2 \\ 3 \\ -2 \end{pmatrix}$.

Mit $\overrightarrow{OA}$ als Stützvektor lautet eine Gleichung von $g: \vec{x} = \begin{pmatrix} 3 \\ -1 \\ 0 \end{pmatrix} + t \cdot \begin{pmatrix} 2 \\ 3 \\ -2 \end{pmatrix}$.

Da die Gleichung $\begin{pmatrix} 7 \\ 5 \\ -4 \end{pmatrix} = \begin{pmatrix} 3 \\ -1 \\ 0 \end{pmatrix} + t \cdot \begin{pmatrix} 2 \\ 3 \\ -2 \end{pmatrix}$ für $t = 2$ erfüllt ist, gilt $C(7 | 5 | -4) \in g$.

Beispiel 2: Gleichung einer Ebene aufstellen mit P, Q, R ∈ E

Bestimmen Sie eine Parametergleichung der Ebene E, die die Punkte P(1 | 3 | 3), Q(1 | −1 | 0) und R(−2 | 2 | 1) enthält.

Lösung:

Mit $\vec{p} = \begin{pmatrix} 1 \\ 3 \\ 3 \end{pmatrix}$ als Stützvektor und den Spannvektoren

$\overrightarrow{PQ} = \begin{pmatrix} 1 \\ -1 \\ 0 \end{pmatrix} - \begin{pmatrix} 1 \\ 3 \\ 3 \end{pmatrix} = \begin{pmatrix} 0 \\ -4 \\ -3 \end{pmatrix}$ und $\overrightarrow{PR} = \begin{pmatrix} -2 \\ 2 \\ 1 \end{pmatrix} - \begin{pmatrix} 1 \\ 3 \\ 3 \end{pmatrix} = \begin{pmatrix} -3 \\ -1 \\ -2 \end{pmatrix}$

lautet eine Parametergleichung von $E: \vec{x} = \begin{pmatrix} 1 \\ 3 \\ 3 \end{pmatrix} + r \cdot \begin{pmatrix} 0 \\ -4 \\ -3 \end{pmatrix} + s \cdot \begin{pmatrix} -3 \\ -1 \\ -2 \end{pmatrix}$.

Man beachte:

Die beiden Spannvektoren dürfen nicht parallel zueinander sein.

Beispiel 3: Gleichung einer Ebene E aufstellen mit g ∈ E und P ∈ E

Bestimmen Sie eine Parametergleichung der Ebene E, wenn die Ebene E die Gerade $g: \vec{x} = \begin{pmatrix} 12 \\ 0 \\ -17 \end{pmatrix} + t \cdot \begin{pmatrix} -0{,}5 \\ 1 \\ 4 \end{pmatrix}$ und den Punkt P(2 | 4 | 1) enthält.

Lösung:

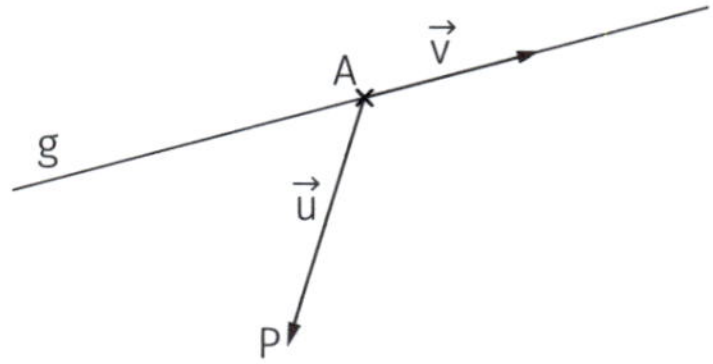

Draufsicht der Ebene E

Der Ortsvektor von P(2 | 4 | 1) sei der Stützvektor von E. Als ersten Spannvektor von E nimmt man den Richtungsvektor $\vec{v} = \begin{pmatrix} -0{,}5 \\ 1 \\ 4 \end{pmatrix}$ von g wegen $g \in E$.

Mit dem Geradenpunkt A(12 | 0 | −17) ist der zweite Spannvektor der Vektor $\overrightarrow{AP}$ wegen $P \notin g$ und $A, P \in E$. Es ist $\overrightarrow{AP} = \begin{pmatrix} 2 \\ 4 \\ 1 \end{pmatrix} - \begin{pmatrix} 12 \\ 0 \\ -17 \end{pmatrix} = \begin{pmatrix} -10 \\ 4 \\ 18 \end{pmatrix}$.

Damit lautet eine Parametergleichung von E:

$$\vec{x} = \begin{pmatrix} 2 \\ 4 \\ 1 \end{pmatrix} + r \cdot \begin{pmatrix} -0{,}5 \\ 1 \\ 4 \end{pmatrix} + s \cdot \begin{pmatrix} -10 \\ 4 \\ 18 \end{pmatrix}.$$

Abi Tipp

EINFACHER SPEZIALFALL

Wenn eine Ebene von 2 sich schneidenden Geraden $g: \vec{x} = \vec{p} + t \cdot \vec{v}$ und $h: \vec{x} = \vec{q} + s \cdot \vec{u}$; aufgespannt wird, kann man eine Parametergleichung der Ebene sofort aufschreiben, indem man der Gleichung von g den Term „$+ s \cdot \vec{u}$" aus der Gleichung von h anfügt. Man erhält $E: \vec{x} = \vec{p} + t \cdot \vec{v} + s \cdot \vec{u}$.

Normalengleichung und Koordinatengleichung einer Ebene

Zentrale Kenntnisse

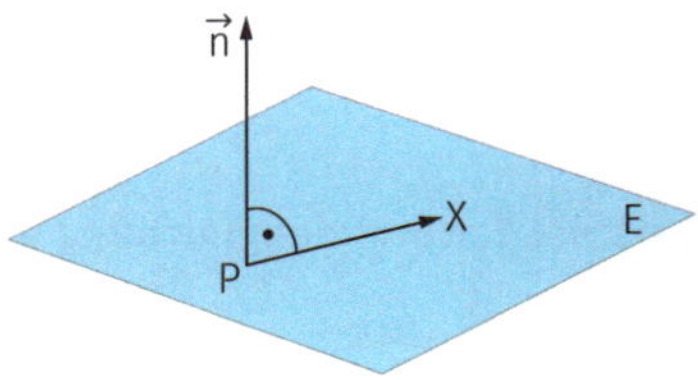

- Ein Vektor $\vec{n}$, der senkrecht auf einer Ebene E steht, heißt **Normalenvektor von E**.
- Die Gleichung $\mathbf{(\vec{x} - \vec{p}) \cdot \vec{n} = 0}$ mit dem Ortsvektor $\vec{p}$ eines Punktes $P \in E$ und mit einem Normalenvektor $\vec{n}$ von E heißt **Normalengleichung der Ebene E**.
- Eine **Koordinatengleichung** einer Ebene E hat die Form $\mathbf{n_1 \cdot x_1 + n_2 \cdot x_2 + n_3 \cdot x_3 = d}$; mit n_1, n_2, n_3 und $d \in \mathbb{R}$. Die Werte für n_1, n_2 und n_3 sind die Koordinaten eines Normalenvektors $\vec{n}$ der Ebene. Ein Punkt X liegt dann in der Ebene E, wenn seine Koordinaten x_1, x_2, x_3 die Gleichung $n_1 \cdot x_1 + n_2 \cdot x_2 + n_3 \cdot x_3 = d$ erfüllen.
  Hinweis: Statt *„Normalengleichung"* bzw. *„Koordinatengleichung"* werden auch oft die Begriffe **„Normalenform"** bzw. **„Koordinatenform"** verwendet.

Beispiel 4: Parametergleichung in Koordinatengleichung umwandeln

Gegeben ist die Ebene E mit $\vec{x} = \begin{pmatrix} 2 \\ 0 \\ 1 \end{pmatrix} + r \cdot \begin{pmatrix} -2 \\ 1 \\ 4 \end{pmatrix} + s \cdot \begin{pmatrix} 1 \\ 3 \\ -1 \end{pmatrix}$.

Bestimmen Sie daraus eine Koordinatengleichung von E.

$-13x_1 + 2x_2 - 7x_3 = -33$

Lösung:

Zuerst muss ein Normalenvektor $\vec{n}$ von E bestimmt werden.

Weil $\vec{n} = \begin{pmatrix} n_1 \\ n_2 \\ n_3 \end{pmatrix}$ senkrecht auf den beiden Spannvektoren von E stehen muss, muss gelten (→ Seite 87 oben):

$$\begin{pmatrix} n_1 \\ n_2 \\ n_3 \end{pmatrix} \cdot \begin{pmatrix} -2 \\ 1 \\ 4 \end{pmatrix} = 0 \Leftrightarrow -2\,n_1 + 1\,n_2 + 4\,n_3 = 0 \text{ (I) und}$$

$$\begin{pmatrix} n_1 \\ n_2 \\ n_3 \end{pmatrix} \cdot \begin{pmatrix} 1 \\ 3 \\ -1 \end{pmatrix} = 0 \Leftrightarrow 1\,n_1 + 3\,n_2 - 1\,n_3 = 0 \text{ (II)}$$

Die entsprechende Stufenform dieses Gleichungssystems ist:

$$\left| \begin{array}{rl} -2\,n_1 + 1\,n_2 + 4\,n_3 = 0 & \text{(III)} \\ 7\,n_2 + 2\,n_3 = 0 & \text{(IV)} = \text{(I)} + 2 \cdot \text{(II)} \end{array} \right.$$

Eine Lösung von Gleichung (IV) ist $n_2 = -2$ und $n_3 = 7$ (→ Kapitel 12, Seite 83). Einsetzen in (III) ergibt: $n_1 = 13$.

(Hinweis: Es gibt unendlich viele Lösungen. Eine einzige Lösung reicht hier aber.)

Eine unvollständige Koordinatengleichung ist somit: $13x_1 - 2x_2 + 7x_3 = d$

Einsetzen der Koordinaten des Ebenenpunktes $P(2\,|\,0\,|\,1)$ ergibt:

$26 - 0 + 7 = d \Leftrightarrow d = 33$. Damit ist **E: $13x_1 - 2x_2 + 7x_3 = 33$.**

(Hinweis: Die Koordinaten von $P(2\,|\,0\,|\,1)$ sind durch den Stützvektor von E angegeben.)

Beispiel 5: Normalengleichung in Koordinatengleichung umwandeln

Gegeben ist die Normalengleichung von E: $\left(\vec{x} - \begin{pmatrix} 3 \\ 1 \\ -2 \end{pmatrix}\right) \cdot \begin{pmatrix} 2 \\ 1 \\ 2 \end{pmatrix} = 0$.

Geben Sie eine Koordinatengleichung von E an.

Lösung:

Ein Normalenvektor von E ist $\vec{n} = \begin{pmatrix} 2 \\ 1 \\ 2 \end{pmatrix}$. Somit lautet eine *unvollständige* Koordinatengleichung von E: $2x_1 + 1x_2 + 2x_3 = d$ Einsetzen der Koordinaten des Ebenenpunkts $P(3\,|\,1\,|\,-2)$ ergibt:

$6 + 1 - 4 = d \Leftrightarrow d = 3$. Damit ist **E: $2x_1 + 1x_2 + 2x_3 = 3$.**

Abi Tipp

MIT DER KOORDINATENGLEICHUNG GEHT VIELES LEICHTER

Viele Aufgabenstellungen lassen sich mit einer Koordinatengleichung einer Ebene wesentlich einfacher lösen als mit einer Parametergleichung.
Eine Parametergleichung einer Ebene sollte daher immer in eine Koordinatengleichung umgewandelt werden.

Der Nutzen des Vektorprodukts

Zentrale Kenntnisse

- Für das **Vektorprodukt**[1] zwischen den Vektoren $\vec{u} = \begin{pmatrix} u_1 \\ u_2 \\ u_3 \end{pmatrix}$ und $\vec{v} = \begin{pmatrix} v_1 \\ v_2 \\ v_3 \end{pmatrix}$ gilt: $\vec{u} \times \vec{v} = \begin{pmatrix} u_1 \\ u_2 \\ u_3 \end{pmatrix} \times \begin{pmatrix} v_1 \\ v_2 \\ v_3 \end{pmatrix} = \begin{pmatrix} u_2 \cdot v_3 - u_3 \cdot v_2 \\ -(u_1 \cdot v_3 - u_3 \cdot v_1) \\ u_1 \cdot v_2 - u_2 \cdot v_1 \end{pmatrix}$

- Der Vektor $\vec{n} = \vec{u} \times \vec{v}$ steht senkrecht auf den beiden Vektoren $\vec{u}$ und $\vec{v}$. Sind $\vec{u}$ und $\vec{v}$ Spannvektoren einer Ebene, dann ist $\boldsymbol{\vec{n} = \vec{u} \times \vec{v}}$ **ein Normalenvektor** dieser Ebene.

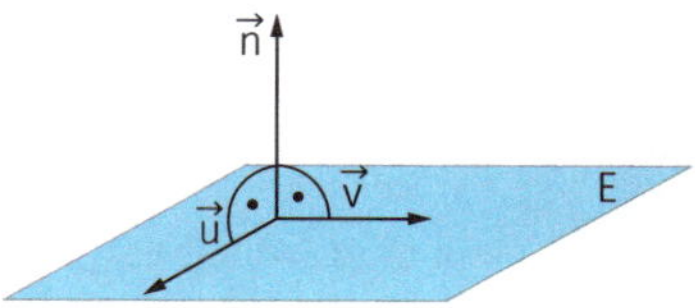

- **Flächenberechnung mithilfe des Vektorprodukts:** Für den Flächeninhalt A eines Dreiecks, das von den Vektoren $\vec{a}$ und $\vec{b}$ aufgespannt wird, gilt: $\mathbf{A = \frac{1}{2} \cdot |\vec{a} \times \vec{b}|}$.

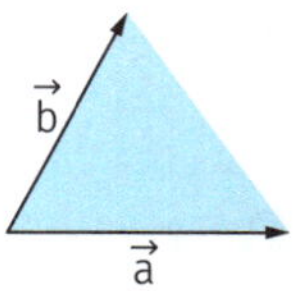

Abi Tipp

SCHNELLE KONTROLLE DURCHFÜHREN

Ob man das Vektorprodukt $\vec{u} \times \vec{v}$ zweier Vektoren $\vec{u}$ und $\vec{v}$ richtig berechnet hat, kann man leicht mit den *Skalar*produkten $\vec{n} \cdot \vec{u}$ und $\vec{n} \cdot \vec{v}$ überprüfen. Da der Vektor $\vec{n} = \vec{u} \times \vec{v}$ senkrecht auf den beiden Vektoren $\vec{u}$ und $\vec{v}$ stehen muss, muss gelten:
(I) $\vec{n} \cdot \vec{u} = 0$ und (II) $\vec{n} \cdot \vec{v} = 0$

Beispiel 6:
Gegeben ist eine Parametergleichung einer Ebene

$$E: \vec{x} = \begin{pmatrix} 2 \\ 0 \\ 1 \end{pmatrix} + r \cdot \begin{pmatrix} -2 \\ 1 \\ 4 \end{pmatrix} + s \cdot \begin{pmatrix} 1 \\ 3 \\ -1 \end{pmatrix}.$$

Berechnen Sie mithilfe des Vektorprodukts einen Normalenvektor von E. Vergleichen Sie mit dem Normalenvektor aus Beispiel 4 auf den Seiten 93, 94.

1 Statt Vektorprodukt wird oft auch der Begriff **Kreuzprodukt** verwendet.

Lösung:

Es gilt: $\begin{pmatrix} -2 \\ 1 \\ 4 \end{pmatrix} \times \begin{pmatrix} 1 \\ 3 \\ -1 \end{pmatrix} = \begin{pmatrix} 1\cdot(-1) - 4\cdot 3 \\ -(-2\cdot(-1) - 4\cdot 1) \\ -2\cdot 3 - 1\cdot 1 \end{pmatrix} = \begin{pmatrix} -13 \\ 2 \\ -7 \end{pmatrix}$

Vergleich mit Beispiel 4: $\begin{pmatrix} -13 \\ 2 \\ -7 \end{pmatrix} = -1\cdot\begin{pmatrix} 13 \\ -2 \\ 7 \end{pmatrix}$

Beispiel 7:

Das Dreieck ABC ist gegeben durch die Punkte $A(1|0|1)$, $B(2|3|-1)$ und $C(5|0|2)$. Berechnen Sie mithilfe des Vektorprodukts den Flächeninhalt des Dreiecks ABC.

Lösung:

Das Dreieck ABC wird von den Vektoren

$\overrightarrow{AB} = \begin{pmatrix} 1 \\ 3 \\ -2 \end{pmatrix}$ und $\overrightarrow{AC} = \begin{pmatrix} 4 \\ 0 \\ 1 \end{pmatrix}$ aufgespannt.

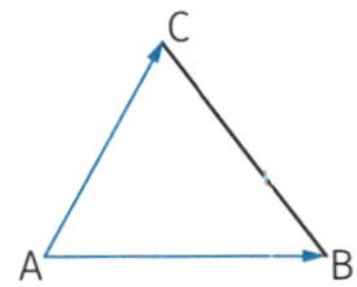

Mit $\overrightarrow{AB} \times \overrightarrow{AC} = \begin{pmatrix} 3 \\ -9 \\ -12 \end{pmatrix}$ und $\left|\overrightarrow{AB} \times \overrightarrow{AC}\right| = \sqrt{234}$ folgt:

$\mathbf{A_{ABC} = \frac{1}{2}\cdot\sqrt{234} \approx 7{,}65\ FE}$

Darstellung von Ebenen im Koordinatensystem

Zentrale Kenntnisse

- **Spurpunkte** sind die Schnittpunkte einer Ebene mit den Koordinatenachsen.
- **Spurgeraden** nennt man die Geraden, die durch die Spurpunkte einer Ebene verlaufen.
- Die **Koordinaten der Spurpunkte** einer Ebene $E: n_1 \cdot x_1 + n_2 \cdot x_2 + n_3 \cdot x_3 = d$ (mit $n_1, n_2, n_3 \neq 0$) sind $S_1\left(\frac{d}{n_1}\middle|0\middle|0\right)$; $S_2\left(0\middle|\frac{d}{n_2}\middle|0\right)$ und $S_3\left(0\middle|0\middle|\frac{d}{n_3}\right)$.
- Ein **räumlicher Eindruck einer Ebene** im Koordinatensystem entsteht dann, wenn man ihre Spurpunkte miteinander verbindet.
- Ebenen mit der **Koordinatengleichung** $\mathbf{E: n_1 \cdot x_1 + n_2 \cdot x_2 + n_3 \cdot x_3 = 0}$ (mit $n_1, n_2, n_3 \neq 0$) können nicht anschaulich dargestellt werden, weil es wegen $d = 0$ nur den *einen* Spurpunkt $O(0|0|0)$ gibt.

- Wenn in der Koordinatengleichung $n_1 \cdot x_1 + n_2 \cdot x_2 + n_3 \cdot x_3 = d$ eine der drei Koordinaten n_1, n_2, n_3 den Wert 0 hat, dann verläuft die Ebene **parallel zu einer Koordinatenachse**, z. B. bei $n_2 = 0$ parallel zur x_2-Achse.
- Eine Ebene mit der Koordinatengleichung $\mathbf{x_3 = d}$ (mit $d \in \mathbb{R}$) verläuft in einem Abstand von d Längeneinheiten (LE) **parallel zur x_1x_2-Ebene**. Entsprechend verlaufen Ebenen mit der Koordinatengleichung $x_2 = d$ bzw. $x_1 = d$ in einem Abstand von d LE parallel zur x_1x_3-Ebene bzw. x_2x_3-Ebene.

Beispiel 8:
Stellen Sie die Ebene
E: $6x_1 + 3x_2 + 4x_3 = 12$ in einem Koordinatensystem dar.
Lösung:
Die Spurpunkte von E sind:
$S_1(2|0|0)$; $S_2(0|4|0)$ und $S_3(0|0|3)$.

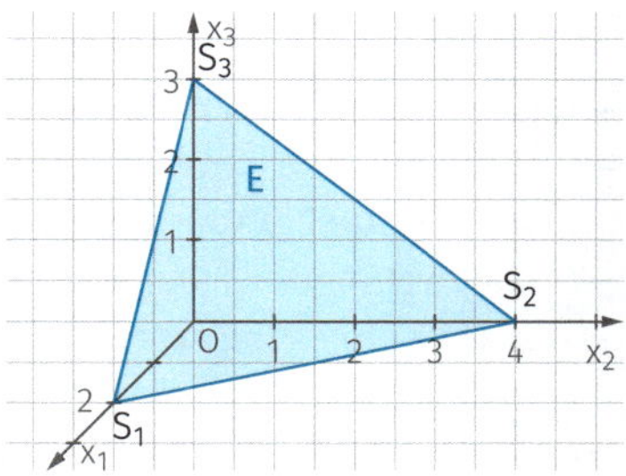

Beispiel 9:
Stellen Sie die Ebene
E: $2x_1 + 3x_2 = 6$ in einem Koordinatensystem dar.
Lösung:
Die Spurpunkte von E sind:
$S_1(3|0|0)$; $S_2(0|2|0)$. Die Ebene E verläuft parallel zur x_3-Achse, weil in der Ebenengleichung die x_3-Koordinate fehlt.

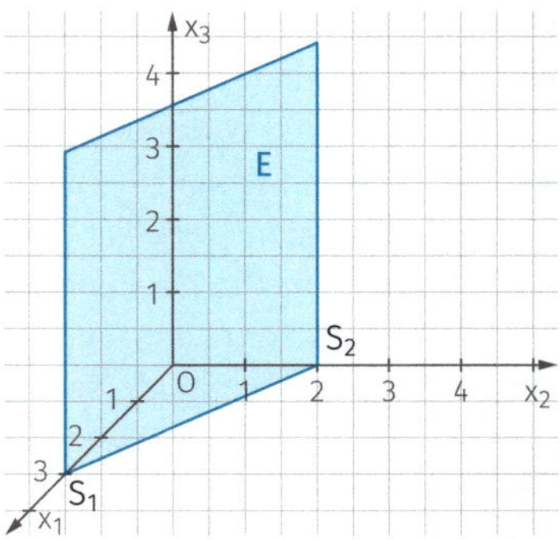

Beispiel 10:
Stellen Sie die Ebene F: $x_1 = 2$ in einem Koordinatensystem dar.
Lösung:
Die Ebene F hat nur einen Spurpunkt $S_1(2|0|0)$. Sie verläuft parallel zur x_2x_3-Ebene.

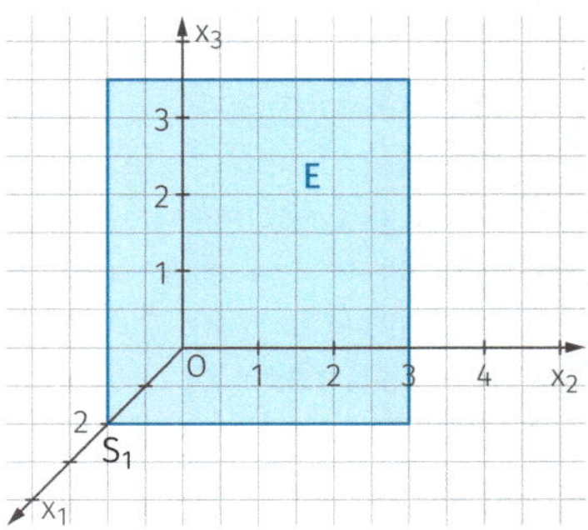

Hinweis: In den Zeichnungen der Beispiele 8, 9 und 10 wurden die Ebenen durch geschlossene Rahmen dargestellt. Tatsächlich sind Ebenen aber unendlich groß.

GERADEN- UND EBENENGLEICHUNGEN — Checkliste

Folgende Fragen sollten Sie nun mühelos beantworten können:

- Wie bestimmt man anhand zweier Punkte eine Parametergleichung der Geraden, die durch diese Punkte verläuft?
- Wie prüft man rechnerisch, ob ein Punkt auf einer Geraden liegt?
- Wie stellt man eine Parametergleichung einer Ebene auf, von der drei Punkte bekannt sind?
- Wie bestimmt man eine Parametergleichung einer Ebene, wenn eine Gerade g (mit $g \in E$) und ein Punkt P (mit $P \in E$ und $P \notin g$) bekannt sind?
- Was versteht man unter einem Normalenvektor einer Ebene und wie kann man ihn bestimmen?
- Wie sieht eine Normalengleichung einer Ebene aus und was bedeuten die Vektoren darin?
- Wie bestimmt man eine Koordinatengleichung einer Ebene, wenn man die Parametergleichung dieser Ebene kennt?
- Wie kann man in der Koordinatengleichung die Koordinaten eines Normalenvektors der zugehörigen Ebene ablesen?
- Wie prüft man mithilfe der Koordinatengleichung einer Ebene, ob ein Punkt in dieser Ebene liegt?
- Wie berechnet man das Vektorprodukt zwischen zwei Vektoren?
- Wie kann man mithilfe des Vektorprodukts einen Normalenvektor einer Ebene berechnen, wenn man eine Parametergleichung dieser Ebene kennt?
- Wie kann man mithilfe des Vektorprodukts den Flächeninhalt eines Dreiecks berechnen?
- Was versteht man unter Spurpunkten einer Ebene und wie bestimmt man ihre Koordinaten?
- Wie stellt man eine Ebene in einem Koordinatensystem dar?
- Woran erkennt man, dass eine Ebene parallel zu einer Koordinatenachse verläuft?

LAGE ZWISCHEN GERADEN UND EBENEN

Die Lage zwischen zwei Geraden

Zentrale Kenntnisse

Zwei Geraden können auf folgende Weisen zueinander stehen:

- **1. Fall:** Beide Geraden schneiden sich **in genau einem Punkt.**
- **2. Fall:** Beide Geraden verlaufen **parallel zueinander.**
- **3. Fall:** Beide Geraden stehen **windschief zueinander.** Das heißt, sie sind nicht parallel, haben aber trotzdem **keinen** Punkt gemeinsam.

Das folgende Schema zeigt, wie man die Lage zweier Geraden g und h zueinander elegant untersuchen kann:

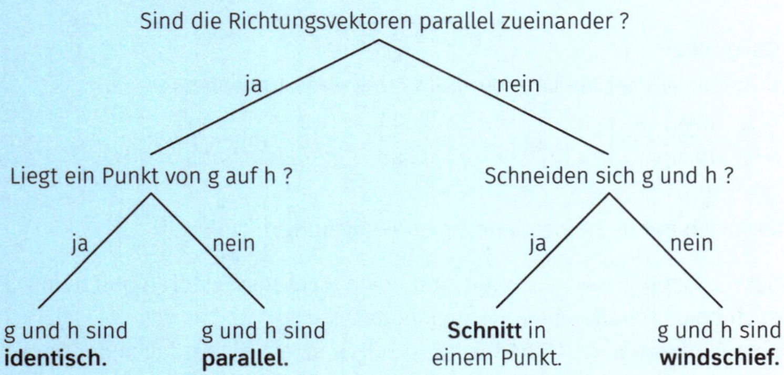

Beispiel 1:

Untersuchen Sie die Lage der Geraden g und h zueinander:

$g\colon \vec{x} = \begin{pmatrix} 1 \\ 0 \\ -5 \end{pmatrix} + s \cdot \begin{pmatrix} -2 \\ 1 \\ 3 \end{pmatrix}$ und $h\colon \vec{x} = \begin{pmatrix} 0 \\ 5 \\ 7 \end{pmatrix} + t \cdot \begin{pmatrix} 1 \\ 1 \\ 2 \end{pmatrix}$; mit $s, t \in \mathbb{R}$.

Lösung:

Vergleich der Richtungsvektoren: Die Gleichung $\begin{pmatrix} 1 \\ 1 \\ 2 \end{pmatrix} = k \cdot \begin{pmatrix} -2 \\ 1 \\ 3 \end{pmatrix}$ hat keine Lösung für k. Somit sind beide Richtungsvektoren nicht parallel zueinander. Durch Gleichsetzen beider Geradengleichungen kann man die Schnittmenge von g und h berechnen:

Für die Gleichung $\begin{pmatrix} 1 \\ 0 \\ -5 \end{pmatrix} + s \cdot \begin{pmatrix} -2 \\ 1 \\ 3 \end{pmatrix} = \begin{pmatrix} 0 \\ 5 \\ 7 \end{pmatrix} + t \cdot \begin{pmatrix} 1 \\ 1 \\ 2 \end{pmatrix}$ erhält man die Lösung

$\mathbf{s = 2}$ und $\mathbf{t = -3}$ (→ Seite 82).

Den Ortsvektor des Schnittpunkts erhält man durch Einsetzen von $s = 2$ in die Gleichung von g oder von $t = -3$ in die Gleichung von h:

$$\vec{x} = \begin{pmatrix} 1 \\ 0 \\ -5 \end{pmatrix} + 2 \cdot \begin{pmatrix} -2 \\ 1 \\ 3 \end{pmatrix} = \begin{pmatrix} -3 \\ 2 \\ 1 \end{pmatrix} \Rightarrow \mathbf{S(-3|2|1)}.$$

Abi Tipp

VORSICHT FALLE!

Wenn in einer Aufgabenstellung zwei Geraden den gleichen Parameter haben, wie die Geraden $g: \vec{x} = \begin{pmatrix} 1 \\ 0 \\ -5 \end{pmatrix} + t \cdot \begin{pmatrix} -2 \\ 1 \\ 3 \end{pmatrix}$ und $h: \vec{x} = \begin{pmatrix} 0 \\ 5 \\ 7 \end{pmatrix} + t \cdot \begin{pmatrix} 1 \\ 1 \\ 2 \end{pmatrix}$, muss man in einer Gleichung den **Parameter umbenennen**. Zum Beispiel „s“ statt „t“.

Beispiel 2:

Untersuchen Sie die Lage der Geraden g und j zueinander:

$$g: \vec{x} = \begin{pmatrix} 4 \\ -3 \\ 5 \end{pmatrix} + s \cdot \begin{pmatrix} 1 \\ 1 \\ -3 \end{pmatrix} \text{ und } j: \vec{x} = \begin{pmatrix} 1 \\ -3 \\ 0 \end{pmatrix} + t \cdot \begin{pmatrix} -2 \\ -2 \\ 6 \end{pmatrix} \text{ mit } s, t \in \mathbb{R}.$$

Lösung:

Vergleich der Richtungsvektoren: Die Gleichung $\begin{pmatrix} -2 \\ -2 \\ 6 \end{pmatrix} = k \cdot \begin{pmatrix} 1 \\ 1 \\ -3 \end{pmatrix}$ hat die Lösung $k = -2$. Somit sind beide Richtungsvektoren und damit auch beide Geraden parallel zueinander.

Eine Punktprobe des Punktes $P(4|-3|5)$ (mit $P \in g$) bezüglich der Geraden j ergibt: $\begin{pmatrix} 4 \\ -3 \\ 5 \end{pmatrix} = \begin{pmatrix} 1 \\ -3 \\ 0 \end{pmatrix} + t \cdot \begin{pmatrix} -2 \\ -2 \\ 6 \end{pmatrix}$.

Diese Gleichung hat keine Lösung für t. Somit liegt der Punkt $P(4|-3|5)$ nicht auf der Geraden j.

Die Geraden g und j sind also **parallel** zueinander.

Die Lage zwischen zwei Ebenen

Zentrale Kenntnisse

Zwei Ebenen können auf folgende Weisen zueinander stehen:

1. Fall: Beide Ebenen **schneiden sich** in einer Geraden.

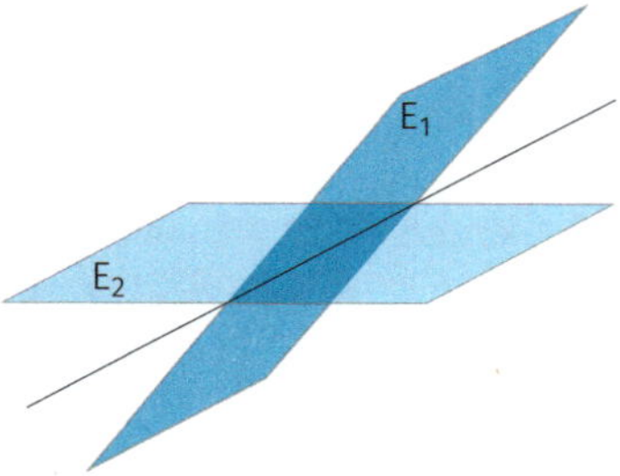

2. Fall: Beide Ebenen verlaufen **parallel** zueinander.

Abi Tipp

EINFACHES RECHNEN

- Zwei **parallele Ebenen** erkennt man daran, dass ihre Normalenvektoren parallel zueinander sind.
- Die **Schnittmenge zweier Ebenen** zueinander wird am einfachsten mithilfe ihrer Koordinatengleichungen bestimmt. Die Berechnung mit den Parametergleichungen ist wesentlich aufwändiger.
- Wenn zwei Ebenen äquivalente Koordinatengleichungen haben, sind sie **identisch.**

Beispiel 3: Schnittgerade zweier Ebenen

Bestimmen die Lage der Ebenen E und F zueinander:

E: $4x_1 - 2x_2 + x_3 = 31$ und F: $2x_1 - 3x_2 + x_3 = 7$.

Lösung:

Vergleich der Normalenvektoren: Die beiden Normalenvektoren

$\overrightarrow{n_E} = \begin{pmatrix} 4 \\ -2 \\ 1 \end{pmatrix}$ und $\overrightarrow{n_F} = \begin{pmatrix} 2 \\ -3 \\ 1 \end{pmatrix}$ sind keine Vielfachen voneinander.

Somit müssen sich beide Ebenen E und F schneiden. Da die Punkte der Schnittgeraden gleichzeitig auf beiden Ebenen liegen, müssen die Punktkoordinaten der Schnittgeraden auch beide Ebenengleichungen erfüllen. Diese Bedingung führt zu dem Gleichungssystem:

$$\begin{array}{ll} E: & \left| \begin{array}{l} 4x_1 - 2x_2 + x_3 = 31 \\ 2x_1 - 3x_2 + x_3 = 7 \end{array} \right| \begin{array}{l} (I) \\ (II) \end{array} \\ F: & \end{array}$$

Umformen zur Stufenform ergibt:

$$\left| \begin{array}{r} 4x_1 - 2x_2 + x_3 = 31 \\ 4x_2 - x_3 = 17 \end{array} \right| \begin{array}{l} (III) \\ (IV) = (I) - 2 \cdot (II) \end{array}$$

Mit $\mathbf{x_2 = t}$ erhält man aus Gleichung (IV): $\mathbf{x_3 = -17 + 4t}$.
Einsetzen in Gleichung (III) ergibt: $\mathbf{x_1 = 12 - 0{,}5t}$.
Dies sind die drei Koordinaten des Ortsvektors $\vec{x}$, der die Lage aller Schnittpunkte in Abhängigkeit von t beschreibt:

$$\vec{x} = \begin{pmatrix} x_1 \\ x_2 \\ x_3 \end{pmatrix} = \begin{pmatrix} 12 - 0{,}5t \\ t \\ -17 + 4t \end{pmatrix}.$$

Durch Aufspalten in eine Summe aus zwei Vektoren erhält man eine Gleichung der Schnittgeraden:

$$\vec{x} = \begin{pmatrix} 12 - 0{,}5t \\ t \\ -17 + 4t \end{pmatrix} = \begin{pmatrix} 12 \\ 0 \\ -17 \end{pmatrix} + \begin{pmatrix} -0{,}5t \\ t \\ 4t \end{pmatrix} = \begin{pmatrix} \mathbf{12} \\ \mathbf{0} \\ \mathbf{-17} \end{pmatrix} + \mathbf{t} \cdot \begin{pmatrix} \mathbf{-0{,}5} \\ \mathbf{1} \\ \mathbf{4} \end{pmatrix}$$

Die Ebenen E und F schneiden sich also in der Geraden

$$\mathbf{g:}\ \vec{x} = \begin{pmatrix} \mathbf{12} \\ \mathbf{0} \\ \mathbf{-17} \end{pmatrix} + \mathbf{t} \cdot \begin{pmatrix} \mathbf{-0{,}5} \\ \mathbf{1} \\ \mathbf{4} \end{pmatrix}.$$

Die Lage zwischen einer Geraden und einer Ebene

Zentrale Kenntnisse

Zwischen einer Geraden und einer Ebene gibt es diese Lagebeziehungen:

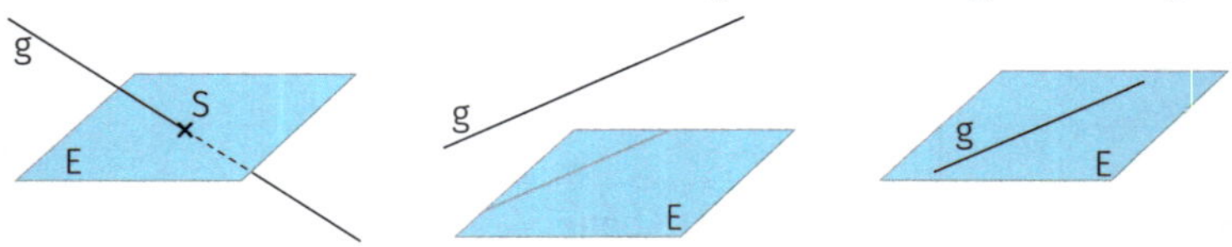

1. Fall: Die Gerade schneidet die Ebene in einem Punkt.

2. Fall: Die Gerade verläuft parallel zur Ebene.

3. Fall: Die Gerade liegt in der Ebene.

Abi Tipp

PARAMETRISIERTE PUNKTKOORDINATEN

Die Lage zwischen einer Ebene und einer Geraden wird am einfachsten mithilfe der Koordinatengleichung der Ebene und den parametrisierten Punktkoordinaten der Geraden untersucht (→ Beispiele 4, 5 und 6).

Beispiel 4: Schnittpunkt zwischen g und E

Bestimmen Sie die Lage zwischen der Geraden g und der Ebene E:

$g\colon \vec{x} = \begin{pmatrix} 8 \\ -9 \\ 5 \end{pmatrix} + t \cdot \begin{pmatrix} 3 \\ -2 \\ 1 \end{pmatrix}$, $E\colon 2x_1 - x_2 + 5x_3 = 24$

Lösung:

Die Parametrisierung aller Geradenpunkte P_t ergibt:

$\vec{x} = \begin{pmatrix} 8 \\ -9 \\ 5 \end{pmatrix} + t \cdot \begin{pmatrix} 3 \\ -2 \\ 1 \end{pmatrix} = \begin{pmatrix} 8+3t \\ -9-2t \\ 5+t \end{pmatrix} \Rightarrow P_t(8+3t|-9-2t|5+t)$

Einsetzen der Koordinaten von $P_t(8+3t|-9-2t|5+t)$ in $E\colon 2x_1 - x_2 + 5x_3 = 24$ ergibt:

$2 \cdot (8+3t) - (-9-2t) + 5 \cdot (5+t) = 24 \Leftrightarrow \mathbf{t = -2}$

Einsetzen von $t = -2$ in $P_t(8+3t|-9-2t|5+t)$ ergibt den Schnittpunkt zwischen g und E: $\mathbf{S(2|-5|3)}$

Beispiel 5: Kein Schnittpunkt zwischen g und E

Bestimmen Sie die Lage zwischen der Geraden g und der Ebene E:

$g\colon \vec{x} = \begin{pmatrix} 4 \\ 0 \\ 2 \end{pmatrix} + t \cdot \begin{pmatrix} 2 \\ 1 \\ 4 \end{pmatrix}$, $E\colon x_1 + 2x_2 - x_3 = 5$

Lösung:

Einsetzen der Koordinaten der parametrisierten Geradenpunkte $P_t(4+2t|t|2+4t)$ in $E\colon x_1 + 2x_2 - x_3 = 5$ ergibt:

$(4+2t) + 2 \cdot t - (2+4t) = 5.$

Diese Gleichung hat keine Lösung für t, da sie auf die falschen Aussage $2 = 5$ führt.

Das bedeutet: Die Gerade **g verläuft parallel zur Ebene E.**

Beispiel 6: Unendlich viele Schnittpunkte zwischen g und E

Bestimmen Sie die Lage zwischen der Geraden g und der Ebene E:

$g\colon \vec{x} = \begin{pmatrix} 4 \\ 1 \\ 3 \end{pmatrix} + s \cdot \begin{pmatrix} -1 \\ 3 \\ 1 \end{pmatrix}$, $E\colon 2x_1 + x_2 - x_3 = 6$

Lösung:

Einsetzen der Koordinaten der parametrisierten Geradenpunkte $P_t(4-s|1+3s|3+s)$ in $E\colon 2x_1 + x_2 - x_3 = 6$ ergibt:

$2 \cdot (4-s) + 1 + 3s - (3+s) = 6 \Leftrightarrow 6 = 6$

Diese Gleichung ist unabhängig vom Wert des Parameters s wahr.

Das bedeutet: Die Gerade **g verläuft innerhalb der Ebene E**.

Lage zweier Punkte zu einer Ebene

Zentrale Kenntnisse

- Zwei Punkte A und B können auf **derselben Seite** einer Ebene (→ Abb. 1) oder auf den **gegenüberliegenden Seiten** einer Ebene liegen (→ Abb. 2).

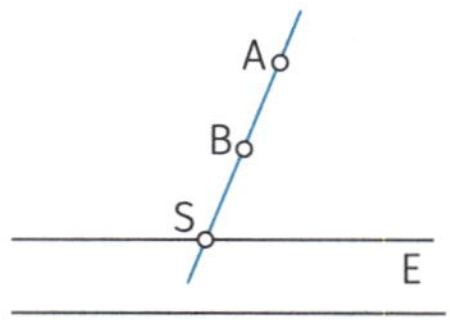

Seitenansicht, Abb. 1

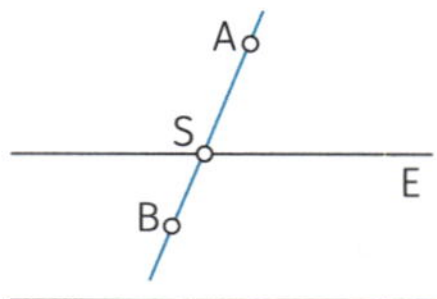

Seitenansicht, Abb. 2

- Es sei S der Schnittpunkt einer Geraden durch die Punkte A und B mit einer Ebene E.
  → Dann liegen beide Punkte A und B *auf derselben Seite* der Ebene E, wenn die Gleichung $\mathbf{\overrightarrow{AS} = k \cdot \overrightarrow{BS}}$ für ein $\mathbf{k > 0}$ erfüllt ist.
  Das heißt: Die Vektoren $\overrightarrow{AS}$ und $\overrightarrow{BS}$ zeigen in die gleiche Richtung.
  → Die Punkte A und B befinden sich auf *gegenüberliegenden* Seiten der Ebene E, wenn die Gleichung $\mathbf{\overrightarrow{AS} = k \cdot \overrightarrow{BS}}$ für ein $\mathbf{k < 0}$ erfüllt ist.
  Das heißt: Die Vektoren $\overrightarrow{AS}$ und $\overrightarrow{BS}$ zeigen in entgegengesetzte Richtungen.

Beispiel 10:
Gegeben ist die Ebene E: $3x_1 - 2x_2 + x_3 = 24$.
Untersuchen Sie die Lage der Punkte $A(1|0|3)$, $B(2|-4|1)$ bezüglich der Ebene E.

Lösung:

Die Gerade durch die Punkte A und B ist $g_{AB}: \vec{x} = \begin{pmatrix} 1 \\ 0 \\ 3 \end{pmatrix} + t \cdot \begin{pmatrix} 1 \\ -4 \\ -2 \end{pmatrix}$.

Der Schnittpunkt von g_{AB} mit der Ebene E ist $S(3|-8|-1)$ (→ Seite 103).

Mit $\overrightarrow{AS} = \begin{pmatrix} 2 \\ -8 \\ -4 \end{pmatrix}$ und $\overrightarrow{BS} = \begin{pmatrix} 1 \\ -4 \\ -2 \end{pmatrix}$ folgt: $\overrightarrow{AS} = 2 \cdot \overrightarrow{BS}$.

Wegen $2 > 0$ liegen die Punkte A und B auf derselben Seite der Ebene E.

Spiegelung eines Punktes an einer Ebene

Zentrale Kenntnisse

- Ein Punkt P werde an einer Ebene E gespiegelt. Für den Ortsvektor $\overrightarrow{p'}$ des Bildpunkts P′ gilt dann (→ Abb. 3):
  $\overrightarrow{p'} = \vec{p} + 2 \cdot \overrightarrow{PL}$ bzw. $\overrightarrow{p'} = \overrightarrow{OL} + \overrightarrow{PL}$
  Darin ist L der Lotfußpunkt von P auf die Ebene E. (Zur Berechnung eines Lotfußpunktes siehe Seite 107.)

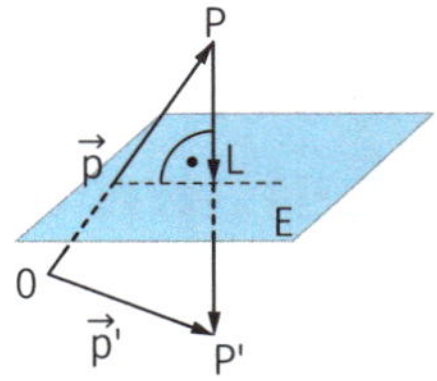

Abb. 3

Beispiel 11:
Der Punkt P(5|−1|8) wird an der Ebene E: $x_1 + 2x_3 = 6$ gespiegelt. Bestimmen Sie die Koordinaten des Bildpunktes P′.
Lösung:
Der Lotfußpunkt L von P(5|−1|8) auf die Ebene E ist L(2|−1|2).

Mit $\overrightarrow{PL} = \begin{pmatrix} -3 \\ 0 \\ -6 \end{pmatrix}$ folgt: $\overrightarrow{p'} = \begin{pmatrix} 5 \\ -1 \\ 8 \end{pmatrix} + 2 \cdot \begin{pmatrix} -3 \\ 0 \\ -6 \end{pmatrix} = \begin{pmatrix} -1 \\ -1 \\ -4 \end{pmatrix} \Rightarrow$ P′(−1|−1|−4)

LAGE ZWISCHEN GERADEN UND EBENEN — Checkliste

Folgende Fragen sollten Sie nun mühelos beantworten können:

- → Wie untersucht man die Lage zwischen zwei Geraden? Welche Fälle können dabei auftreten?
- → Wie berechnet man die Koordinaten des Schnittpunkts zwischen zwei Geraden?
- → Wie berechnet man eine Gleichung der Schnittgeraden zweier Ebenen?
- → Woran erkennt man, dass zwei Ebenen parallel zueinander verlaufen?
- → Wie kann man anhand einer Geradengleichung die Koordinaten aller Geradenpunkte in Abhängigkeit von einem Parameter beschreiben?
- → Wie berechnet man die Schnittmenge zwischen einer Geraden und einer Ebene? Welche Fälle können dabei auftreten?
- → Wie untersucht man die Lage zweier Punkte bezüglich einer Ebene?
- → Wie berechnet man beim Spiegeln an einer Ebene die Koordinaten eines Bildpunkts?

16

ABSTANDS- UND FLÄCHENBERECHNUNGEN

Abstand zwischen zwei Punkten

Zentrale Kenntnisse

- Der Abstand $\overline{AB}$ zweier Punkte $A(a_1|a_2|a_3)$ und $B(b_1|b_2|b_3)$ ist gleich der Länge des Vektors $\overrightarrow{AB}$. Mit $\overrightarrow{AB} = \begin{pmatrix} b_1 - a_1 \\ b_2 - a_2 \\ b_3 - a_3 \end{pmatrix}$ folgt (→ Seite 86):

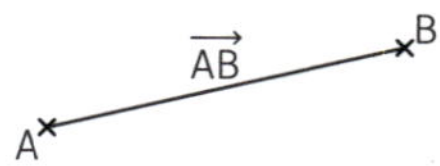

$$\overline{AB} = |\overrightarrow{AB}| = \sqrt{(b_1 - a_1)^2 + (b_2 - a_2)^2 + (b_3 - a_3)^2}$$

Beispiel 1:

Bestimmen Sie die Länge der Strecke AB mit $A(6|-4|2)$, $B(5|7|-1)$.

Lösung:

Es ist: $\overrightarrow{AB} = \begin{pmatrix} 5 \\ 7 \\ -1 \end{pmatrix} - \begin{pmatrix} 6 \\ -4 \\ 2 \end{pmatrix} = \begin{pmatrix} -1 \\ 11 \\ -3 \end{pmatrix}$.

Damit folgt:

$$\overline{AB} = |\overrightarrow{AB}| = \sqrt{(-1)^2 + 11^2 + (-3)^2} = \sqrt{131} \approx 11{,}45 \text{ LE}$$

Beispiel 2:

Gegeben sind die drei Punkte $A(4|0|4)$, $B(0|4|4)$ und $C(6|6|2)$.
Zeigen Sie, dass das Dreieck ABC gleichschenklig ist.

Lösung:

Es ist: $|\overrightarrow{AB}| = \left|\begin{pmatrix} -4 \\ 4 \\ 0 \end{pmatrix}\right| = \sqrt{32}$; $|\overrightarrow{AC}| = \left|\begin{pmatrix} 2 \\ 6 \\ -2 \end{pmatrix}\right| = \sqrt{44}$ und $|\overrightarrow{BC}| = \left|\begin{pmatrix} 6 \\ 2 \\ -2 \end{pmatrix}\right| = \sqrt{44}$.

Das heißt: $\overline{AC} = \overline{BC}$; was zu zeigen war.

Abstand zwischen einem Punkt und einer Ebene

Zentrale Kenntnisse

- Für den **Abstand[1] eines Punkts $P(p_1 | p_2 | p_3)$ von einer Ebene** E: ${}_1 \cdot x_1 + n_2 \cdot x_2 + n_3 \cdot x_3 = d$ gilt: $d(P\text{–}E) = \left| \frac{n_1 \cdot p_1 + n_2 \cdot p_2 + n_3 \cdot p_3 - d}{\sqrt{(n_1)^2 + (n_2)^2 + (n_3)^2}} \right|$

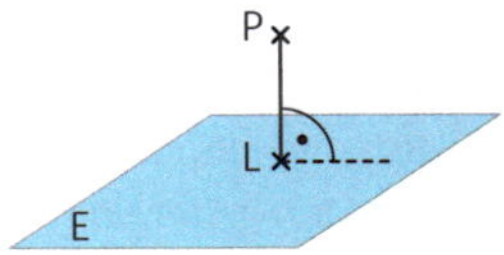

- Die Gleichung $\left| \frac{n_1 \cdot x_1 + n_2 \cdot x_2 + n_3 \cdot x_3 - d}{\sqrt{(n_1)^2 + (n_2)^2 + (n_3)^2}} \right| = 0$ heißt **Hesse-Normalenform** (HNF) einer Ebene. Man erhält die HNF, indem man in der Koordinatengleichung von E: $n_1 \cdot x_1 + n_2 \cdot x_2 + n_3 \cdot x_3 = d$ das „="-Zeichen durch ein „Minus" ersetzt und den resultierenden Term durch den Betrag des Normalenvektors teilt.
- Den **Abstand eines Punktes von einer Ebene** berechnet man, indem man die Koordinaten des Punktes in den linken Term der HNF einsetzt und den Betrag des resultierenden Wertes nimmt.
- Alternative Abstandsberechnung: Die **Lotgerade** durch einen Punkt P bezüglich einer Ebene E verläuft senkrecht zur Ebene E. Ihr Richtungsvektor ist der Normalenvektor $\vec{n}$ der Ebene E. Ihre Gleichung lautet also: $\vec{x} = \vec{p} + t \cdot \vec{n}$. Der Schnittpunkt der Lotgeraden mit der Ebene E wird **Lotfußpunkt L** genannt.
  Für den Abstand $d(P\text{–}E)$ gilt dann: $d(P\text{–}E) = |\overrightarrow{PL}|$

Beispiel 3:
Bestimmen Sie den Abstand des Punktes $P(1|2|4)$ von der Ebene E: $2x_1 - 3x_2 + 6x_3 = 6$.

Lösung:

Mit $|\vec{n}| = \sqrt{2^2 + (-3)^2 + 6^2} = \sqrt{49} = 7$

lautet die HNF der Ebene E: $\frac{2x_1 - 3x_2 + 6x_3 - 6}{7} = 0$.

Einsetzen der Koordinaten von $P(1|2|4)$ in die Abstandsformel ergibt:

$d(P\text{–}E) = \left| \frac{2 \cdot 1 - 3 \cdot 2 + 6 \cdot 4 - 6}{7} \right| = 2$ LE.

---

1 Auch Abstände werden in unterschiedlichen Werken verschieden dargestellt: d(P–E) wird hier verwendet, d(P; E) ist auch gebräuchlich.

Abstand zwischen einem Punkt und einer Geraden

Zentrale Kenntnisse

- Der **Lotfußpunkt L** eines Punktes P bezüglich einer Geraden g ist derjenige Punkt auf der Geraden g, der von P den kleinsten Abstand hat.
  Der Vektor $\overrightarrow{PL}$ steht senkrecht auf der Geraden g.

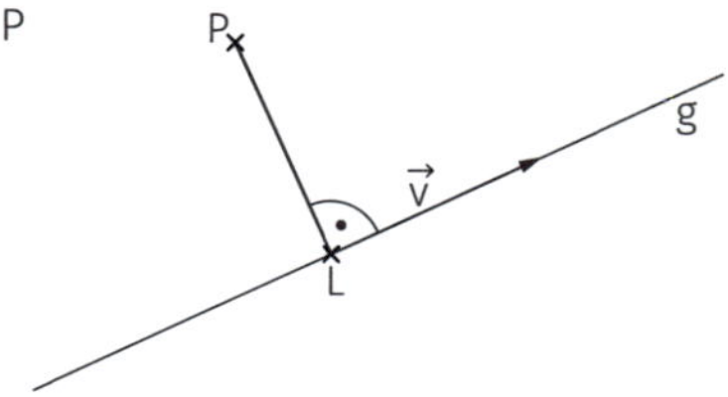

- Der **Abstand eines Punktes P** von einer Geraden g ist der Betrag des Vektors $\overrightarrow{PL}$ zwischen P und dem Lotfußpunkt L.

Die Koordinaten des Lotfußpunkts L können mit einer Hilfsebene E_H berechnet werden, die senkrecht zur Geraden g steht und den Punkt P enthält.
Der Lotfußpunkt ist dann der Schnittpunkt zwischen der Geraden g und der Ebene E (→ Seite 103).
Der Normalenvektor der Hilfsebene E_H ist der Richtungsvektor der Geraden g.

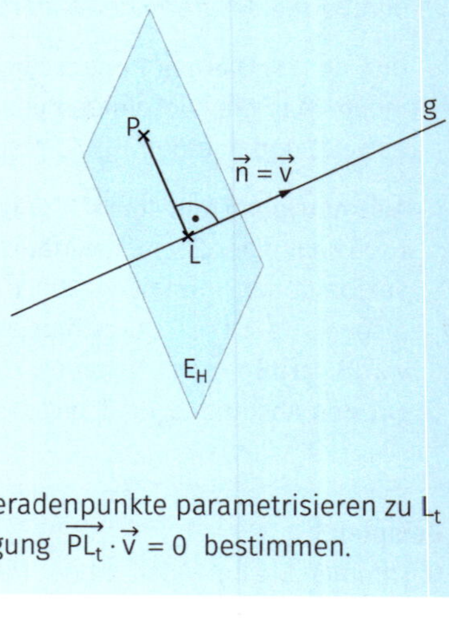

Alternativ dazu kann man auch alle Geradenpunkte parametrisieren zu L_t und den Lotfußpunkt L mit der Bedingung $\overrightarrow{PL_t} \cdot \vec{v} = 0$ bestimmen.

Beispiel 4:
Bestimmen Sie den Abstand des Punktes $P(7|8|-5)$ von der Geraden

$g: \vec{x} = \begin{pmatrix} 3 \\ 6 \\ 0 \end{pmatrix} + s \cdot \begin{pmatrix} -2 \\ 2 \\ 1 \end{pmatrix}.$

Lösung:

Mit $\vec{n} = \begin{pmatrix} -2 \\ 2 \\ 1 \end{pmatrix}$ lautet eine unvollständige Koordinatengleichung der Hilfsebene $E_H: -2x_1 + 2x_2 + x_3 = d$. Einsetzen der Koordinaten von $P(7|8|-5)$

ergibt: $d = -3$. Der Schnittpunkt zwischen g und E_H: $-2x_1 + 2x_2 + x_3 = -3$ ist **L(5|4|−1)**.

Mit $\overrightarrow{PL} = \begin{pmatrix} -2 \\ -4 \\ 4 \end{pmatrix}$ folgt: $d(P\text{–}g) = |\overrightarrow{PL}| = \sqrt{36} = \mathbf{6\ LE}$

Abi Tipp

DIE EIGENE RECHNUNG ÜBERPRÜFEN

Da der Vektor $\overrightarrow{PL}$ senkrecht zum Richtungsvektor $\vec{v}$ der Geraden g stehen muss, kann man die eigene Rechnung schnell mit der Gleichung $\overrightarrow{PL} \cdot \vec{v} = 0$ überprüfen (→ Seite 87).
Falls das Skalarprodukt $\overrightarrow{PL} \cdot \vec{v}$ den Wert 0 ergibt, hat man den Lotfußpunkt L (höchstwahrscheinlich) richtig berechnet.

Abstand zweier windschiefer Geraden

Zentrale Kenntnisse

- **Berechnung mit Formel:** Für den Abstand zweier windschiefer Geraden g: $\vec{x} = \vec{p} + t \cdot \vec{v}$ und h: $\vec{x} = \vec{q} + s \cdot \vec{u}$ gilt:
  $\mathbf{d(g\text{-}h)} = \left|\vec{n}_0 \cdot (\vec{q} - \vec{p})\right|$
  mit $\overrightarrow{n_0} \perp \vec{v}$; $\overrightarrow{n_0} \perp \vec{u}$ und $|\overrightarrow{n_0}| = 1$.

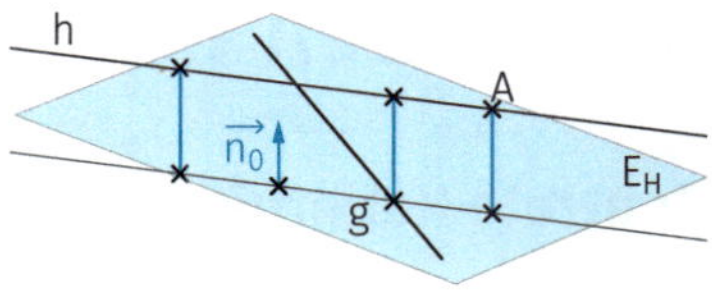

- **Alternative Berechnung**: Aufstellen einer Hilfsebene E_H mit $g \in E_H$ und $h \parallel E_H$. Der Abstand zwischen g und h ist dann der Abstand eines Punktes A der Geraden h zur Hilfsebene E_H (→ Skizze oben).

- Man erhält einen **Vektor $\overrightarrow{n_0}$** (mit $|\overrightarrow{n_0}| = 1$), indem man die Koordinaten eines zu $\overrightarrow{n_0}$ parallelen Vektors $\vec{n}$ durch den Betrag von $\vec{n}$ teilt.
  Es gilt: $\overrightarrow{n_0} = \frac{1}{|\vec{n}|} \cdot \vec{n}$
- Eine **Parametergleichung der Hilfsebene E_H** kann man sofort aufschreiben, indem man der Gleichung von g den Term „$+ s \cdot \vec{u}$“ aus der Gleichung von h anfügt. Man erhält: E_H: $\vec{x} = \vec{p} + t \cdot \vec{v} + s \cdot \vec{u}$.

Beispiel 5:

Bestimmen Sie den Abstand der windschiefen Geraden g und h:

g: $\vec{x} = \begin{pmatrix} 3 \\ 4 \\ 8 \end{pmatrix} + r \cdot \begin{pmatrix} 1 \\ 1 \\ 2 \end{pmatrix}$ und h: $\vec{x} = \begin{pmatrix} 1 \\ 6 \\ -2 \end{pmatrix} + s \cdot \begin{pmatrix} 3 \\ -2 \\ 1 \end{pmatrix}$

Lösung:

Ein Vektor, der senkrecht auf g und h steht, ist $\vec{n} = \begin{pmatrix} 1 \\ 1 \\ 2 \end{pmatrix} \times \begin{pmatrix} 3 \\ -2 \\ 1 \end{pmatrix} = \begin{pmatrix} 5 \\ 5 \\ -5 \end{pmatrix}$;

(→ Seite 95).

Mit $|\vec{n}| = \sqrt{75} = 5\sqrt{3}$ erhält man $\vec{n_0} = \frac{1}{5\sqrt{3}} \cdot \begin{pmatrix} 5 \\ 5 \\ -5 \end{pmatrix}$.

Mit $\vec{q} = \begin{pmatrix} 3 \\ 4 \\ 8 \end{pmatrix}$ und $\vec{p} = \begin{pmatrix} 1 \\ 6 \\ -2 \end{pmatrix}$ folgt:

$$\mathbf{d(g\text{–}h)} = \left| \frac{1}{5\sqrt{3}} \cdot \begin{pmatrix} 5 \\ 5 \\ -5 \end{pmatrix} \cdot \left(\begin{pmatrix} 3 \\ 4 \\ 8 \end{pmatrix} - \begin{pmatrix} 1 \\ 6 \\ -2 \end{pmatrix} \right) \right| = \left| \frac{-50}{5\sqrt{3}} \right| = \frac{10}{\sqrt{3}} = \mathbf{5{,}77\ LE}$$

Alternative Berechnung mit der Hilfsebene E_H ($g \in E_H$ und $h \parallel E_H$):

Man erhält E_H: $\vec{x} = \begin{pmatrix} 3 \\ 4 \\ 8 \end{pmatrix} + r \cdot \begin{pmatrix} 1 \\ 1 \\ 2 \end{pmatrix} + s \cdot \begin{pmatrix} 3 \\ -2 \\ 1 \end{pmatrix}$ bzw. E_H: $x_1 + x_2 - x_3 = -1$.

Der Abstand von $A(1|6|-2)$ zu E_H (mit $A \in h$) ist $d = \frac{10}{\sqrt{3}} = \mathbf{5{,}77\ LE}$.

Abstand zwischen parallelen Geraden und Ebenen

Zentrale Kenntnisse

- **Der Abstand zweier paralleler Geraden g und h** ist der Abstand eines Punktes P von h zur Geraden g.

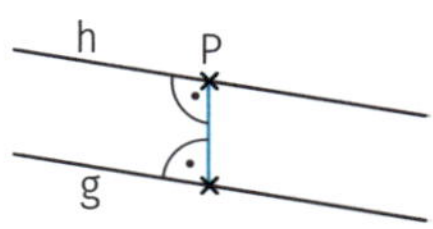

- **Der Abstand zweier paralleler Ebenen E und F** ist der Abstand eines Punktes P von F zur Ebene E.

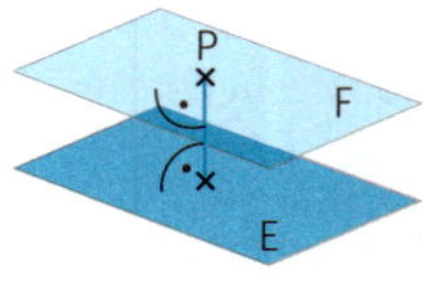

- **Der Abstand einer Geraden g zu einer Ebene E (mit $g \parallel E$)** ist der Abstand eines Punktes P von g zur Ebene E.

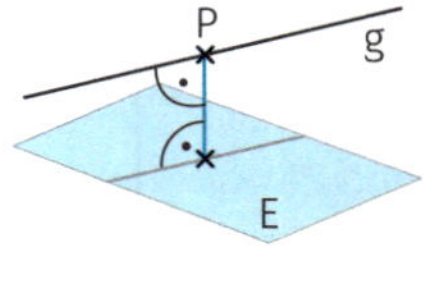

Beispiel 6:

Bestimmen Sie den Abstand der parallelen Geraden g und h zueinander;

g: $\vec{x} = \begin{pmatrix} 3 \\ 6 \\ 0 \end{pmatrix} + r \cdot \begin{pmatrix} -2 \\ 2 \\ 1 \end{pmatrix}$ und h: $\vec{x} = \begin{pmatrix} 7 \\ 8 \\ -5 \end{pmatrix} + r \cdot \begin{pmatrix} -2 \\ 2 \\ 1 \end{pmatrix}$.

Lösung:

Der gesuchte Abstand ist der Abstand des Punktes $P(7|8|-5)$ (mit $P \in h$) von der Geraden g. Man erhält: $d(P–g) = d(g–h) = 6$ LE (→ Beispiel 4 auf Seite 108).

Beispiel 7:

Bestimmen Sie den Abstand der parallelen Ebenen E und F mit:

E: $2x_1 - 3x_2 + 6x_3 = 6$ und F: $2x_1 - 3x_2 + 6x_3 = 20$.

Lösung:

Der gesuchte Abstand ist der Abstand eines Punktes P (mit $P \in F$) von der Ebene E. Ein Punkt der Ebene F ist $P(1|2|4)$. Der Abstand von P zur Ebene E ist $d(P–E) = d(E–F) = 2$ LE (→ Beispiel 3 auf Seite 107).

Hinweis: Die Wahl eines Punktes P von F ist willkürlich. Man muss die Koordinaten von P nur so wählen, dass beim Einsetzen in F: $2x_1 - 3x_2 + 6x_3 = 20$ eine wahre Aussage entsteht.

Flächenberechnungen von Vielecken

Zentrale Kenntnisse

- Zur Berechnung des Flächeninhalts eines **Rechtecks ABCD** muss man die Abstände benachbarter Eckpunkte berechnen.
  Es gilt: $\mathbf{A_{ABCD} = |\overrightarrow{AB}| \cdot |\overrightarrow{AD}|}$.

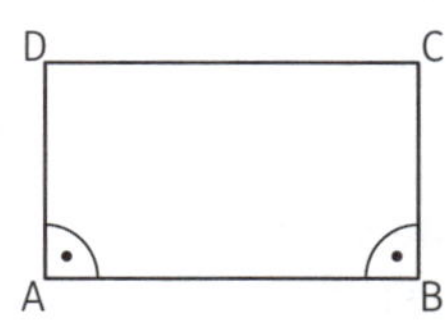

- Der **Flächeninhalt eines Dreiecks ABC** kann auf zwei Arten berechnet werden.
  Zum einen gilt: $\mathbf{A_{ABC} = \frac{1}{2} \cdot |\overrightarrow{AB}| \cdot h}$.
  Die Höhe h des Dreiecks ist der Abstand des Punktes C von der Geraden durch die Punkte A und B. Zum anderen gilt auch:
  $\mathbf{A_{ABC} = \frac{1}{2} \cdot |\overrightarrow{AB} \times \overrightarrow{AC}|}$
  (→ Vektorprodukt, Seite 95)

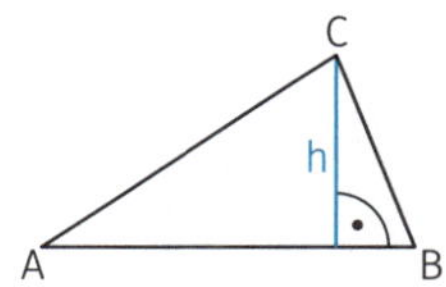

- Der **Flächeninhalt eines Trapezes ABCD** kann auf zwei Arten berechnet werden.
  Zum einen gilt: $\mathbf{A_{ABCD} = \frac{1}{2} \cdot \left(\left|\overrightarrow{AB}\right| + \left|\overrightarrow{CD}\right| \right) \cdot h}$.
  Die Höhe h des Trapezes ist der Abstand des Punktes C bzw. D von der Geraden durch die Punkte A und B.
  Zum anderen kann man das Trapez in zwei Dreiecke unterteilen, sodass gilt: $\mathbf{A_{ABCD} = \frac{1}{2} \cdot \left|\overrightarrow{AB} \times \overrightarrow{AD}\right| + \frac{1}{2} \cdot \left|\overrightarrow{CB} \times \overrightarrow{CD}\right|}$.

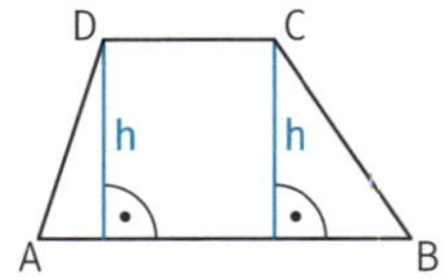

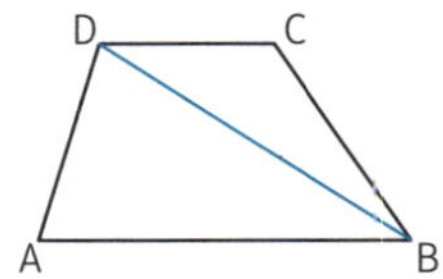

Beispiel 8:
Bestimmen Sie den Flächeninhalt des Dreiecks ABC mit A(−2 | 3 | 1), B(1 | 2 | −4) und C(−7 | 1 | 6).
Lösung:
Mit $\overrightarrow{AB} = \begin{pmatrix} 3 \\ -1 \\ -5 \end{pmatrix}$ und $\overrightarrow{AC} = \begin{pmatrix} -5 \\ -2 \\ 5 \end{pmatrix}$ erhält man:

$$\overrightarrow{AB} \times \overrightarrow{AC} = \begin{pmatrix} 3 \\ -1 \\ -5 \end{pmatrix} \times \begin{pmatrix} -5 \\ -2 \\ 5 \end{pmatrix} = \begin{pmatrix} -15 \\ 10 \\ -11 \end{pmatrix}$$

Für $A_{ABC} = \frac{1}{2} \cdot \left|\overrightarrow{AB} \times \overrightarrow{AC}\right|$ folgt damit: $A_{ABC} = \frac{1}{2} \cdot \sqrt{446} \approx$ **10,56 FE**

Hinweis: Dasselbe Ergebnis erhält man mit
$A_{ABC} = \frac{1}{2} \cdot \left|\overrightarrow{AB}\right| \cdot h$ und $\left|\overrightarrow{AB}\right| = \sqrt{35}$ und $h \approx 3{,}57$,
wobei die Höhe h der Abstand des Punktes C von der Geraden durch A und B ist.

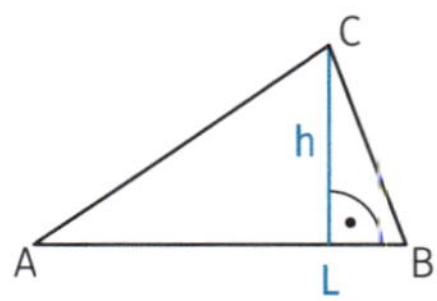

Der Lotfußpunkt von C(−7 | 1 | 6) auf die Gerade
$g_{AB}: \vec{x} = \begin{pmatrix} -2 \\ 3 \\ 1 \end{pmatrix} + t \cdot \begin{pmatrix} 3 \\ -1 \\ -5 \end{pmatrix}$ ist L(−5,26 | 4,09 | 6,4). (Koordinaten gerundet.)

Daraus folgt: $h = \left|\overrightarrow{LC}\right| \approx 3{,}57$.

Beispiel 9:
Berechnen Sie den Flächeninhalt des Trapezes QRST mit Q(0 | 8 | 3), R(2 | 9 | 3), S(2 | 10 | 2) und T(0 | 10 | 1).
Lösung:
Es gilt: $A_{QRST} = \frac{1}{2} \cdot \left(\left|\overrightarrow{QT}\right| + \left|\overrightarrow{RS}\right| \right) \cdot h$
Mit $\left|\overrightarrow{QT}\right| = 2\sqrt{2}$, $\left|\overrightarrow{RS}\right| = \sqrt{2}$ und $h = \left|\overrightarrow{RL}\right| = \sqrt{4{,}5}$ erhält man:
$\mathbf{A_{QRST} = 4{,}5}$ **FE**

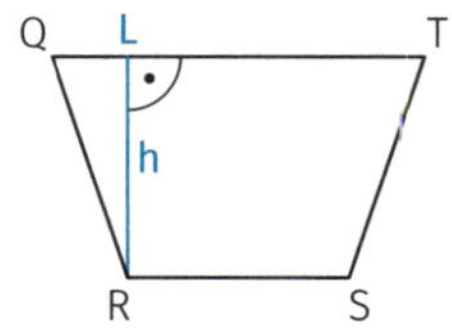

Teilergebnisse:

$L(0|8{,}5|2{,}5)$ und Gerade $g_{QT}: \vec{x} = \begin{pmatrix} 0 \\ 8 \\ 3 \end{pmatrix} + t \cdot \begin{pmatrix} 0 \\ 2 \\ -2 \end{pmatrix}$;

L ist der Lotfußpunkt von R auf die Gerade g_{QT} (→ Seite 108).

Alternative Berechnung mit der Formel
$A_{QRST} = \frac{1}{2} \cdot \left|\overrightarrow{RS} \times \overrightarrow{RQ}\right| + \frac{1}{2} \cdot \left|\overrightarrow{TS} \times \overrightarrow{TQ}\right|$:

Es ist $\overrightarrow{RS} = \begin{pmatrix} 0 \\ 1 \\ -1 \end{pmatrix}$, $\overrightarrow{RQ} = \begin{pmatrix} -2 \\ -1 \\ 0 \end{pmatrix}$, $\overrightarrow{TS} = \begin{pmatrix} 2 \\ 0 \\ 1 \end{pmatrix}$ und $\overrightarrow{TQ} = \begin{pmatrix} 0 \\ -2 \\ 2 \end{pmatrix}$.

Damit erhält man:

$\overrightarrow{RS} \times \overrightarrow{RQ} = \begin{pmatrix} 0 \\ 1 \\ -1 \end{pmatrix} \times \begin{pmatrix} -2 \\ -1 \\ 0 \end{pmatrix} = \begin{pmatrix} -1 \\ 2 \\ 2 \end{pmatrix}$ und $\overrightarrow{TS} \times \overrightarrow{TQ} = \begin{pmatrix} 2 \\ 0 \\ 1 \end{pmatrix} \times \begin{pmatrix} 0 \\ -2 \\ 2 \end{pmatrix} = \begin{pmatrix} 2 \\ -4 \\ -4 \end{pmatrix}$ mit

$\left|\overrightarrow{RS} \times \overrightarrow{RQ}\right| = 3$ und $\left|\overrightarrow{TS} \times \overrightarrow{TQ}\right| = 6$.

Damit folgt:

$A_{QRST} = \frac{1}{2} \cdot 3 + \frac{1}{2} \cdot 6 = 4{,}5$ FE.

ABSTANDS- UND FLÄCHENBERECHNUNGEN — Checkliste

Folgende Fragen sollten Sie nun mühelos beantworten können:

- Wie berechnet man den Abstand zweier Punkte?
- Was ist die Hesse-Normalenform? Und wie bestimmt man sie?
- Wie berechnet man mithilfe der Hesse-Normalenform den Abstand eines Punktes von einer Ebene?
- Wie kann man den Abstand eines Punktes von einer Geraden berechnen?
- Wie kann man schnell überprüfen, ob man den Lotfußpunkt eines Punktes auf eine Gerade richtig berechnet hat?
- Wie berechnet man den Abstand zweier windschiefer Geraden?
- Welche Abstände benötigt man zur Berechnung des Flächeninhalts eines Rechtecks?
- Welche Abstände muss man berechnen, um den Flächeninhalt eines Dreiecks bzw. eines Trapezes berechnen zu können?
- Wie kann man mithilfe des Vektorprodukts den Flächeninhalt eines Dreiecks bzw. eines Trapezes berechnen?

17

WINKELBERECHNUNGEN

Winkel zwischen zwei Geraden

Zentrale Kenntnisse

- Wenn sich zwei Geraden schneiden, gibt es immer einen stumpfen und einen spitzen **Schnittwinkel** β bzw. α.
  Es gilt: $\boldsymbol{\beta + \alpha = 180°}$

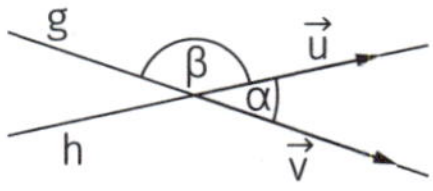

- Der Schnittwinkel zwischen zwei Geraden g und h ist gleich dem **Winkel zwischen ihren Richtungsvektoren** $\vec{v}$ und $\vec{u}$.
  Es gilt: $\cos\alpha = \frac{\vec{v}\cdot\vec{u}}{|\vec{v}|\cdot|\vec{u}|}$ und $\alpha = \cos^{-1}\frac{\vec{v}\cdot\vec{u}}{|\vec{v}|\cdot|\vec{u}|}$

Wenn man nur den *spitzen* Schnittwinkel zwischen zwei Geraden berechnen will, muss man mit der Formel $\cos\alpha = \left|\frac{\vec{v}\cdot\vec{u}}{|\vec{v}|\cdot|\vec{u}|}\right|$ rechnen.

Beispiel 1:
Berechnen Sie den spitzen Winkel zwischen den Geraden g und h:

g: $\vec{x} = \begin{pmatrix} 2 \\ 5 \\ -3 \end{pmatrix} + r \cdot \begin{pmatrix} 1 \\ -1 \\ 2 \end{pmatrix}$ und h: $\vec{x} = \begin{pmatrix} 4 \\ 3 \\ 1 \end{pmatrix} + s \cdot \begin{pmatrix} 0 \\ -3 \\ 1 \end{pmatrix}$

Lösung:

Mit $\vec{v}\cdot\vec{u} = \begin{pmatrix} 1 \\ -1 \\ 2 \end{pmatrix} \cdot \begin{pmatrix} 0 \\ -3 \\ 1 \end{pmatrix} = 3 + 2 = 5$; $|\vec{v}| = \sqrt{6}$ und $|\vec{u}| = \sqrt{10}$ folgt:

$\cos\alpha = \left|\frac{5}{\sqrt{6}\cdot\sqrt{10}}\right| = \frac{5}{\sqrt{60}} \approx 0{,}645 \Rightarrow \alpha = \cos^{-1}\left(\frac{5}{\sqrt{60}}\right) = 49{,}8°.$

Abi Tipp

TASCHENRECHNER RICHITG EINSTELLEN!

Zur Winkelberechnung müssen Sie Ihren Taschenrechner auf Gradmaß („DEG“) einstellen.

Winkel zwischen zwei Ebenen

Zentrale Kenntnisse

- Der Schnittwinkel zwischen zwei Ebenen E_1 und E_2 mit den Normalenvektoren $\vec{n}_1$ und $\vec{n}_2$ ist gleich dem **Winkel zwischen ihren Normalenvektoren.**
- Für den **spitzen Schnittwinkel** zwischen zwei Ebenen gilt:
  $\cos\alpha = \left|\frac{\vec{n}_1 \cdot \vec{n}_2}{|\vec{n}_1| \cdot |\vec{n}_2|}\right|$
- Für den **stumpfen Schnittwinkel β** gilt:
  $\beta = 180° - \alpha$

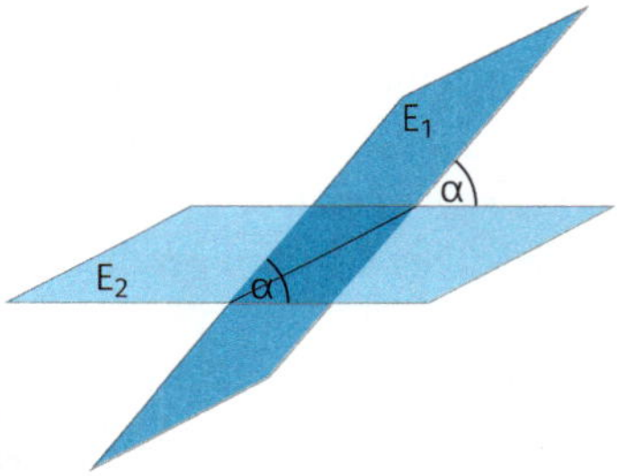

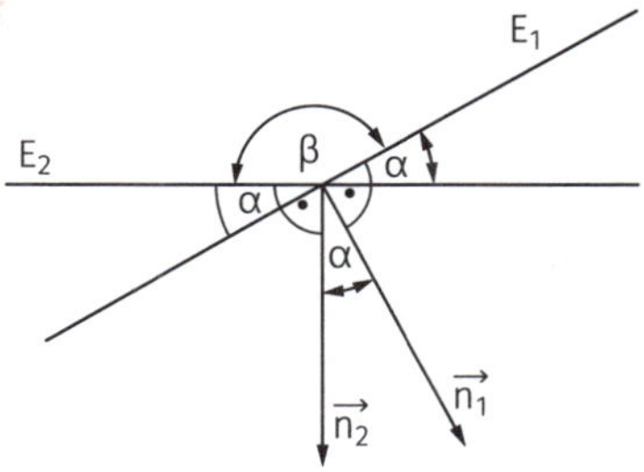

Die Ebenen in der Seitenansicht

Beispiel 2:
Bestimmen Sie den Winkel zwischen den Ebenen E und F mit
E: $2x_1 + x_2 + 2x_3 = 6$ und F: $3x_1 - 5x_2 + x_3 = -8$.

Lösung:
Mit den Normalenvektoren $\overrightarrow{n_E} = \begin{pmatrix} 2 \\ 1 \\ 2 \end{pmatrix}$ und $\overrightarrow{n_F} = \begin{pmatrix} 3 \\ -5 \\ 1 \end{pmatrix}$ erhält man:

$\overrightarrow{n_E} \cdot \overrightarrow{n_F} = \begin{pmatrix} 2 \\ 1 \\ 2 \end{pmatrix} \cdot \begin{pmatrix} 3 \\ -5 \\ 1 \end{pmatrix} = 6 - 5 + 2 = 3;$

$|\overrightarrow{n_E}| = \sqrt{9} = 3$ und $|\overrightarrow{n_F}| = \sqrt{35}$

Damit folgt: $\cos\alpha = \frac{3}{3 \cdot \sqrt{35}} = \frac{1}{\sqrt{35}} \approx 0{,}169 \Rightarrow \boldsymbol{\alpha \approx 80{,}3°}$

Winkel zwischen einer Geraden und einer Ebene

Zentrale Kenntnisse

- Als den **Winkel α zwischen einer Geraden und einer Ebene** bezeichnet man den Neigungswinkel der Geraden gegen die Ebenenfläche.
  Der spitze Neigungswinkel wird mit der Formel $\sin\alpha = \left|\frac{\vec{n}\cdot\vec{v}}{|\vec{n}|\cdot|\vec{v}|}\right|$ berechnet.
  Darin ist $\vec{n}$ der Normalenvektor der Ebene und $\vec{v}$ der Richtungsvektor der Geraden.

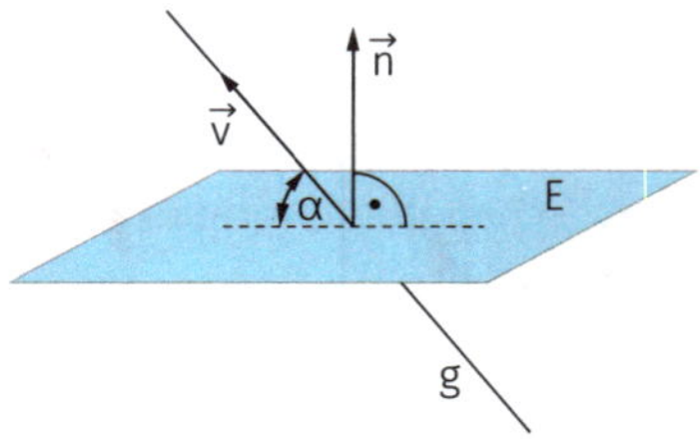

Beispiel 3:
Unter welchem Winkel schneidet die Gerade g die Ebene E?

$g: \vec{x} = \begin{pmatrix} 0 \\ 2 \\ -3 \end{pmatrix} + t\cdot\begin{pmatrix} 1 \\ -2 \\ 0 \end{pmatrix}$ und $E: 3x_1 - 4x_3 = 4.$

Lösung:

Mit $\vec{v} = \begin{pmatrix} 1 \\ -2 \\ 0 \end{pmatrix}$ und $\vec{n} = \begin{pmatrix} 3 \\ 0 \\ -4 \end{pmatrix}$ erhält man:

$\vec{n}\cdot\vec{v} = \begin{pmatrix} 3 \\ 0 \\ -4 \end{pmatrix}\cdot\begin{pmatrix} 1 \\ -2 \\ 0 \end{pmatrix} = 3;$

und $|\vec{n}| = \sqrt{25} = 5$ und $|\vec{v}| = \sqrt{5}.$

Damit folgt: $\sin\alpha = \left|\frac{3}{5\cdot\sqrt{5}}\right| \approx 0{,}268 \Rightarrow \boldsymbol{\alpha \approx 15{,}6°}.$

WINKELBERECHNUNGEN — **Checkliste**

Folgende Fragen sollten Sie nun mühelos beantworten können:

→ Wie berechnet man den Schnittwinkel zwischen zwei Geraden?
→ Wie berechnet man den Schnittwinkel zwischen zwei Ebenen?
→ Wie berechnet man den Schnittwinkel zwischen einer Geraden und einer Ebene?
→ Was muss man beachten, wenn man einen *spitzen* Schnittwinkel berechnen will?

RUND UM DIE KUGEL

Lage eines Punktes zu einer Kugel

Zentrale Kenntnisse

- **Die Gleichung einer Kugel** ist $\mathbf{r^2 = (x_1 - m_1)^2 + (x_2 - m_2)^2 + (x_3 - m_3)^2}$ mit dem Kugelradius r und dem Kugelmittelpunkt $M(m_1\,|\,m_2\,|\,m_3)$. Jeder **Punkt** $X(x_1\,|\,x_2\,|\,x_3)$, dessen Koordinaten die Kugelgleichung erfüllen, liegt auf der Kugeloberfläche.
- Ein Punkt P liegt *innerhalb* der Kugel, wenn gilt: $\mathbf{|\overrightarrow{MP}| < r}$.
  Ein Punkt P liegt *außerhalb* der Kugel, wenn gilt: $\mathbf{|\overrightarrow{MP}| > r}$.

Beispiel 1:
Eine Kugel hat den Radius $r = 5$ und den Mittelpunkt $M(3\,|\,2\,|\,5)$. Geben Sie die Gleichung dieser Kugel an und untersuchen Sie die Lage des Punktes $A(3\,|\,-1\,|\,1)$ bezüglich der Kugel.
Lösung:
Kugelgleichung: $25 = (x_1 - 3)^2 + (x_2 - 2)^2 + (x_3 - 5)^2$
Einsetzen der Koordinaten von $A(3\,|\,-1\,|\,1)$ ergibt:
$25 = (\mathbf{3} - 3)^2 + (\mathbf{-1} - 2)^2 + (\mathbf{1} - 5)^2 \Leftrightarrow 25 = 25$. Somit liegt A auf der Kugel.

Lage zwischen einer Kugel und einer Ebene

Zentrale Kenntnisse

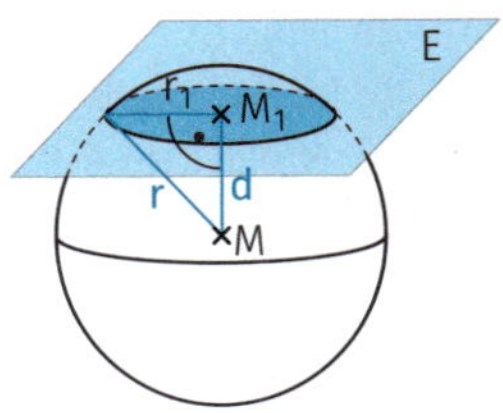

- Es sei d der Abstand zwischen einem Kugelmittelpunkt M und einer Ebene E. Der Kugelradius sei r. Dann gilt:
  1. Fall: Für $\mathbf{d > r}$ schneidet die Ebene E die Kugel nicht.
  2. Fall: Für $\mathbf{d = r}$ berührt die Ebene E die Kugel in einem Punkt.
  3. Fall: Für $\mathbf{d < r}$ schneidet die Ebene E die Kugel in einem Schnittkreis (→ Abb.). Für den Radius r_1 des Schnittkreises gilt dann $r_1^2 + d^2 = r^2 \Leftrightarrow r_1^2 = r^2 - d^2$ (Satz des Pythagoras).

Abi Tipp

DER MITTELPUNKT DES SCHNITTKREISES

Wenn eine Ebene E eine Kugel schneidet, kann man auch den Mittelpunkt M_1 des Schnittkreises berechnen.
Dazu muss man die Lotgerade durch den Kugelmittelpunkt M mit der Ebene E schneiden.
Der Schnittpunkt zwischen dieser Lotgeraden und der Ebene E ist dann der Mittelpunkt M_1 des Schnittkreises. Der Richtungsvektor der Lotgeraden ist der Normalenvektor von E.

Beispiel 2:
Gegeben ist die Kugelgleichung $81 = (x_1 - 1)^2 + (x_2 + 2)^2 + (x_3 - 1)^2$ und die Ebene E: $2x_1 - x_2 + 3x_3 = 35$.
Zeigen Sie, dass die Ebene die Kugel schneidet und berechnen Sie den Radius den Schnittkreises.

Lösung:
Es ist $M(1|-2|1)$ und $r = 9$. Mit der Hesse-Normalenform der Ebene E erhält man für den Abstand von $M(1|-2|1)$ zur Ebene E:

$$d(M-E) = \left|\frac{2 \cdot \mathbf{1} - (-\mathbf{2}) + 3 \cdot \mathbf{1} - 35}{\sqrt{14}}\right| = 2\sqrt{14}$$ (→ Seite 107).

Wegen $2\sqrt{14} \approx 7{,}48 < 9$ schneidet die Ebene E die Kugel.
Für den Radius r_1 des Schnittkreises erhält man mit $r_1^2 = r^2 - d^2$:
$r_1^2 = 81 - \left(2\sqrt{14}\right)^2 = 81 - 4 \cdot 14 = 25 \Rightarrow r_1 = 5$ LE

Polar- und Tangentialebenen

Zentrale Kenntnisse

- Wenn man von einem Punkt P außerhalb einer Kugel Geraden tangential an die Kugel legt, bilden alle Berührpunkte auf der Kugel einer Kreis. Dieser Kreis liegt in der sogenannten **Polarebene** mit der Gleichung $\mathbf{(\vec{x} - \vec{m}) \cdot \overrightarrow{MP} = r^2}$.
  $\vec{m}$ = Ortsvektor des Mittelpunkts M;
  r = Kugelradius

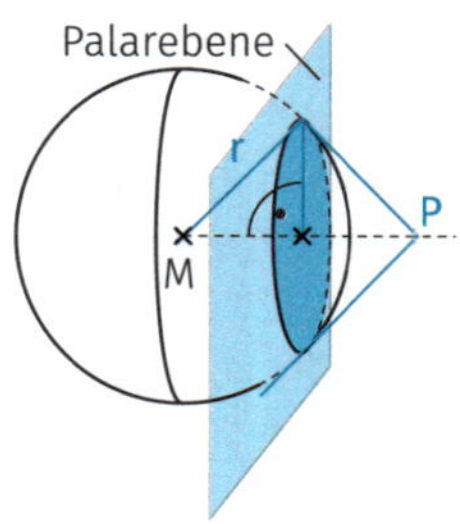

- Eine **Tangentialebene T** in einem Punkt B einer Kugel hat die Normalengleichung $(\vec{x} - \vec{b}) \cdot \overrightarrow{MB} = 0$ (→ Seite 93).
  $\vec{b}$ = Ortsvektor von B;
  M = Kugelmittelpunkt
  Der Vektor $\overrightarrow{MB}$ ist der Normalenvektor der Tangentialebene T.

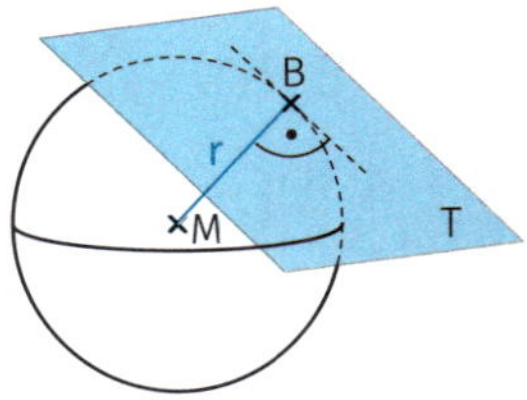

Beispiel 3:

Gegeben ist die Kugel K: $9 = (x_1 + 1)^2 + (x_2 - 3)^2 + (x_3 - 2)^2$ und der Punkt P(2|5|1).

a) Geben Sie eine Gleichung der Polarebene des Punktes P bezüglich der Kugel K an.

b) Zeigen Sie, dass der Punkt B(0|5|4) auf der Kugel K liegt und geben Sie eine Gleichung der Tangentialebene in B an.

Lösung:

a) Mit $r = 3$; $\vec{m} = \begin{pmatrix} -1 \\ 3 \\ 2 \end{pmatrix}$ und $\overrightarrow{MP} = \begin{pmatrix} 3 \\ 2 \\ -1 \end{pmatrix}$ erhält man die Gleichung der

Polarebene: $\left(\vec{x} - \begin{pmatrix} -1 \\ 3 \\ 2 \end{pmatrix}\right) \cdot \begin{pmatrix} 3 \\ 2 \\ -1 \end{pmatrix} = 9$

b) Einsetzen der Koordinaten von B(0|5|4) in die Kugelgleichung ergibt:

$9 = (\mathbf{0} + 1)^2 + (\mathbf{5} - 3)^2 + (\mathbf{4} - 2)^2 \Leftrightarrow 9 = 1^2 + 2^2 + 2^2$, wahre Aussage.

Mit $\overrightarrow{MB} = \begin{pmatrix} 1 \\ 2 \\ 2 \end{pmatrix}$ erhält man die Gleichung der Tangentialebene in

B(0|5|4): $\left(\vec{x} - \begin{pmatrix} 0 \\ 5 \\ 4 \end{pmatrix}\right) \cdot \begin{pmatrix} 1 \\ 2 \\ 2 \end{pmatrix} = 0.$

RUND UM DIE KUGEL — Checkliste

Folgende Fragen sollten Sie nun mühelos beantworten können:

→ Wie kann man in einer Kugelgleichung den Kugelradius und die Koordinaten des Kugelmittelpunkts ablesen?

→ Wie bestimmt man die Lage eines Punktes bezüglich einer Kugel?

→ Wie untersucht man die Lage einer Ebene bezüglich einer Kugel?

→ Wie berechnet man den Radius und den Mittelpunkt des Schnittkreises zwischen einer Ebene und einer Kugel?

→ Was versteht man unter einer Polarebene und wie bestimmt man ihre Gleichung?

→ Wie lautet die Gleichung einer Tangentialebene in einem Punkt B einer Kugel?

19 EREIGNIS UND WAHRSCHEINLICHKEIT

Ereignisse im Ergebnisraum

Zentrale Kenntnisse

- Ein **Ergebnisraum Ω** ist die Menge aller möglicher **Ausgänge/Ergebnisse** eines Zufallsexperiments.

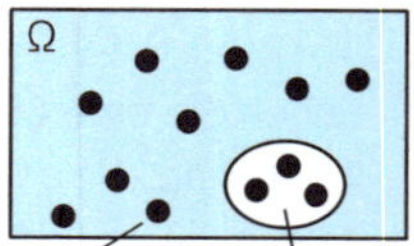

- Jede Teilmenge des Ergebnisraums nennt man ein **Ereignis.**
  Ein *sicheres* Ereignis tritt auf jeden Fall ein und ist der Ergebnisraum Ω selbst.
  Ein *unmögliches* Ereignis tritt nie ein und ist die leere Menge { }.
- Besteht ein Ereignis aus nur einem Ausgang, nennt man es **Elementarereignis.**
  Ereignisse werden meist mit Großbuchstaben bezeichnet.
- Die **Mächtigkeit eines Ereignisses** ist die Anzahl aller Ausgänge, die zu diesem Ereignis gehören.
- Das **Gegenereignis $\overline{A}$** tritt genau dann ein, wenn das **Ereignis A** nicht eintritt. $\overline{A}$ enthält alle Ausgänge von Ω, die nicht zu A gehören. In nebenstehender Abbildung gehören also 6 Ausgänge zum Gegenereignis $\overline{A}$.

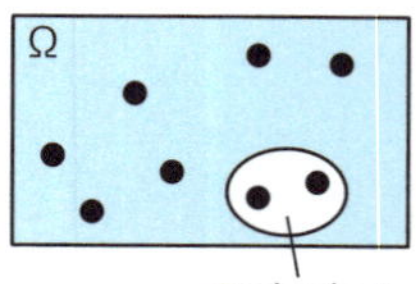

- Die **Schnittmenge A ∩ B** (= B ∩ A) enthält diejenigen Ausgänge von Ω, die *gleichzeitig* zu A und zu B gehören (hellblau in der Abbildung). Wenn beide Ereignisse A und B *unvereinbar* miteinander sind, ist ihre Schnittmenge leer: $A \cap B = \{\ \}$

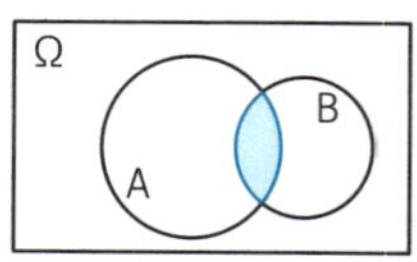

A ∩ B

- Die **Vereinigungsmenge A ∪ B** (= B ∪ A) enthält all diejenigen Ausgänge von **Ω**, die mindestens einer der beiden Mengen A und B angehören (hellblau in der Abbildung).

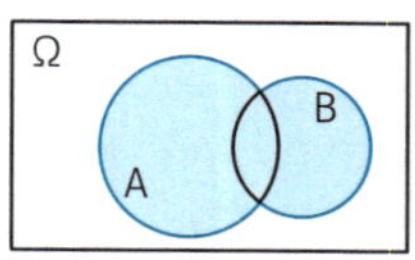

A ∪ B

Beispiel 1:
Beim Roulette fällt die Kugel auf eine der Zahlen 0 bis 36.
Geben Sie jeweils alle Ausgänge an, die zu den Ereignissen A, B, $A \cap B$ und $B \cup C$ gehören, wobei gilt:
A: Eine ungerade Zahl fällt.
B: Die angezeigte Zahl ist kleiner als 5.
C: Die Roulette-Kugel trifft eine Primzahl.
Lösung:
$A = \{1; 3; 5; 7; 9; 11; 13; 15; 17; 19; 21; 23; 25; 27; 29; 31; 33; 35\}$
$B = \{0; 1; 2; 3; 4\}$
$A \cap B = \{1; 3\}$
$B \cup C = \{0; 1; 2; 3; 4; 5; 7; 11; 13; 17; 19; 23; 29; 31\}$

Wahrscheinlichkeiten von Ereignissen und Laplace-Experimente

Zentrale Kenntnisse

- Wahrscheinlichkeiten werden mit dem **Buchstaben „P“** (engl.: propability) gekennzeichnet.
  Die Wahrscheinlichkeit eines Ereignisses A wird mit P(A) beschrieben.
- Die **Wahrscheinlichkeit eines Ereignisses A** ist die Summe der Wahrscheinlichkeiten aller Ausgänge eines Zufallsexperiments, die zu A gehören. Für den Wert von P(A) gilt immer: $\mathbf{0 \leq P(A) \leq 1}$
- **Gegenwahrscheinlichkeit:** $P(\overline{A}) = 1 - P(A)$
- **Additionssatz:** $P(A \cup B)) = P(A) + P(B) - P(A \cap B)$
- Wahrscheinlichkeit des Ergebnisraums Ω: $\mathbf{P(\Omega) = 1}$
- Wahrscheinlichkeit einer leeren Menge: $\mathbf{P(\{\ \}) = 0}$
- Ein **Laplace-Experiment** ist ein Zufallsexperiment, bei dem alle Ausgänge die gleiche Wahrscheinlichkeit haben. In einem solchen Fall gilt für die Wahrscheinlichkeit eines Ereignisses A:

  $$P(A) = \frac{\text{Anzahl der zu A gehörenden Ausgänge}}{\text{Anzahl aller möglichen Ausgänge}} = \frac{\text{Mächtigkeit von A}}{\text{Mächtigkeit von }\Omega}$$

Beispiel 2:

In einer Urne befinden sich 3 weiße und 2 graue Kugeln, die mit den Ziffern 1 bis 5 beschriftet sind (→ Abbildung rechts). Eine Kugel wird gezogen. Berechnen Sie die Wahrscheinlichkeiten der Ereignisse $A \cap B$ und $B \cap C$, wobei gilt:

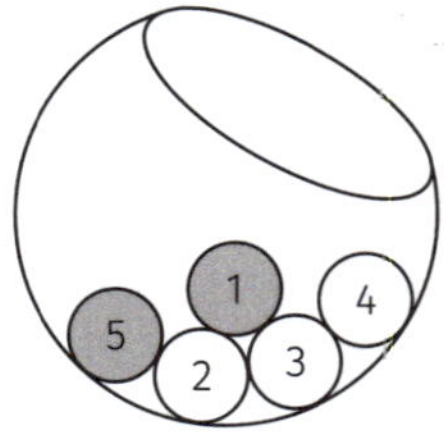

A: Eine weiße Kugel wird gezogen.
B: Man zieht eine Kugel mit einer Nummer < 4.
C: Die gezogene Kugel ist grau.

Weisen Sie außerdem die Gültigkeit des Additionssatzes $P(A \cup B) = P(A) + P(B) - P(A \cap B)$ nach.

Lösung:

Es handelt sich um ein Laplace-Experiment, weil jede Kugel mit der gleichen Wahrscheinlichkeit gezogen wird. Die Ausgänge der Ereignisse A, B und C sind: $A = \{2; 3; 4\}$; $B = \{1; 2; 3\}$ und $C = \{1; 5\}$

Damit folgt für die Ausgänge der Ereignisse $A \cap B$ und $B \cap C$:

$A \cap B = \{2; 3\} \Rightarrow P(A \cap B) = \frac{2}{5} = 40\,\%$

$B \cap C = \{1\} \Rightarrow P(B \cap C) = \frac{1}{5} = 20\,\%$

Nachweis des Additionssatzes:

Mit $P(A) = \frac{3}{5} = 60\,\%$; $P(B) = \frac{3}{5} = 60\,\%$ und $P(A \cap B) = \frac{2}{5} = 40\,\%$

erhält man:

$P(A \cup B) = \frac{3}{5} + \frac{3}{5} - \frac{2}{5} = \frac{4}{5} = 80\,\%.$

Weil $A \cup B = \{1; 2; 3; 4\}$ die Mächtigkeit 4 hat, ist diese Wahrscheinlichkeit richtig.

DAS GESETZ DER GROSSEN ZAHLEN

Wenn man ein Zufallsexperiment n-mal durchführt und das Ereignis A dabei k-mal eintritt, nennt man die Zahl k die **absolute Häufigkeit** und den Quotienten $\frac{k}{n}$ die **relative Häufigkeit** von A.
Die relative Häufigkeit ist ein Näherungswert für die Wahrscheinlichkeit von A.
Dieser Näherungswert wird umso genauer, je öfter man das Zufallsexperiment durchführt.
Dies bezeichnet man als das **Gesetz der großen Zahlen.**

Wahrscheinlichkeiten von Ereignissen können daher näherungsweise auch experimentell bestimmt werden.

Kombinatorische Abzählverfahren

Zentrale Kenntnisse

- Die Zahl n! (sprich: n Fakultät) mit $n \in \mathbb{N}$ ist definiert als $n! = n \cdot (n-1) \cdot (n-2) \cdot \ldots \cdot 1$.
  Sie gibt an, auf wie viele Möglichkeiten n unterschiedliche Objekte, Buchstaben oder Ziffern in einer Reihe angeordnet werden können.

- Die **Grundformeln der Kombinatorik** können in einem Urnenmodell veranschaulicht werden: Dabei zieht man aus einer Urne, in der sich n unterschiedliche Kugeln befinden, k Kugeln heraus. Die Anzahl der möglichen k-Tupel hängt dann davon ab, ob man mit oder ohne Zurücklegen zieht und ob die Reihenfolge der gezogenen Kugeln eine Rolle spielt oder nicht. Man erhält:

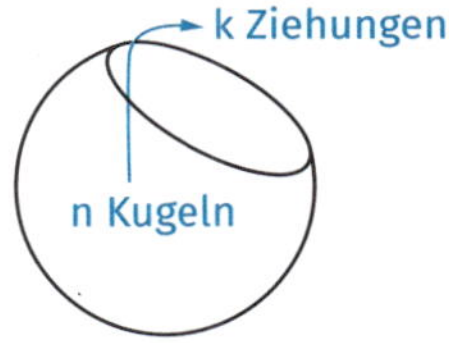

Urnenmodell für kombinatorische Abzählverfahren

($n \in \mathbb{N}$; mit $k \leq n$)	**Ziehen mit Zurücklegen**	**Ziehen ohne Zurücklegen**
Reihenfolge wird beachtet	Anzahl: n^k	Anzahl: $\frac{n!}{(n-k)!}$
Reihenfolge wird nicht beachtet	Anzahl: $\frac{(n+k-1)!}{k! \cdot (n-1)!}$	Anzahl: $\frac{n!}{k! \cdot (n-k)!}$

  Statt $\frac{n!}{(n-k)!}$ benutzt man auch das sogenannte **Pochhammer-Symbol $(n)_k$** (sprich: „n rückwärts k".)
  Statt $\frac{n!}{k! \cdot (n-k)!}$ schreibt man auch $\binom{n}{k}$ (sprich: „n über k").

- Das Ziehen ohne Zurücklegen ohne Beachtung der Reihenfolge wird auch als **„Ziehen mit einem Griff"** bezeichnet.

Abi Tipp

WICHTIGE AUSNAHME

In dem Fall *„Ziehen mit Zurücklegen, ohne Reihenfolge"* haben die einzelnen Ausgänge des Zufallsexperiments nicht die gleiche Wahrscheinlichkeit.
Im Gegensatz zu den anderen drei Fällen handelt es sich hier also um *kein* Laplace-Experiment (→ Seite 121).

Beispiel 3: Ziehen mit Zurücklegen; Reihenfolge wird beachtet

Ein Zahlenschloss hat vier Rädchen, die mit den Ziffern 0 bis 9 beschriftet sind.

a) Geben Sie zwei mögliche Ziffernfolgen (Codes) an.

b) Wie groß ist die Wahrscheinlichkeit, das Zahlenschloss mit maximal fünf Versuchen zu knacken?

Lösung:

a) Zwei mögliche Ziffernfolgen: (1; 0; 5; 9) oder (2; 2; 7; 0)

b) Anzahl aller möglichen Ziffernfolgen: Es ist $n = 10$ und $k = 4$.
Damit erhält man: $10^4 = 10\,000$ mögliche Ziffernfolgen.
Die Wahrscheinlichkeit, das Zahlenschloss mit maximal fünf Versuchen zu knacken, kann nun mit folgendem Urnenmodell berechnet werden: Ziehen von fünf Losen mit einem Griff aus einer Urne, die ein Gewinnlos (= richtiger Zahlencode) und 9999 Nieten (= falsche Zahlencodes) enthält.
Das Ereignis A sei:
„Die fünf gezogenen Lose enthalten das Gewinnlos."
Insgesamt gibt es $\binom{10\,000}{5}$ Möglichkeiten, mit einem Griff 5 Lose aus der Urne zu ziehen. Für das Ereignis A gibt es $\binom{9\,999}{4}$ Möglichkeiten.
Mit der Laplace-Formel (→ Seite 121) folgt dann für die gesuchte Wahrscheinlichkeit:

$$P(\text{max. 5 Versuche}) = \frac{\binom{9999}{4}}{\binom{10\,000}{5}} = \frac{9\,999!}{4! \cdot 9\,995!} \cdot \frac{5! \cdot 9\,995!}{10\,000!} = \frac{5}{10\,000} = 0{,}05\,\%$$

(Hinweis: Man dividiert durch einen Bruch, indem man mit dessen Kehrbruch multipliziert.)

Beispiel 4: Ziehen ohne Zurücklegen; Reihenfolge wird beachtet

Bei einem Pferderennen mit 12 Pferden kann man auf den Einlauf der ersten drei Pferde in der richtigen Reihenfolge wetten.
Welche Gewinnchance hat jemand, der überhaupt keine Ahnung von der Qualität der teilnehmenden Pferde und Jockeys hat?

Lösung:

Das Wettspiel entspricht einem Ziehen von drei Kugeln ohne Zurücklegen aus einer Urne mit 12 verschiedenen Kugeln, wobei die Reihenfolge eine Rolle spielt.

Die Anzahl Z aller möglichen Reihenfolgen ist also: $Z = \frac{12!}{9!} = 1320$.

Die Gewinnchance bei einem zufälligen Tipp beträgt also
$1 : 1320 \approx 0{,}000\,76 =$ **0,076 %**.

Beispiel 5: „Ziehen mit einem Griff" – ohne Zurücklegen; ohne Reihenfolge

Beim Zahlen-Lotto „6 aus 49" werden nacheinander sechs Kugeln aus einer Lostrommel mit 49 Kugeln gezogen, ohne die gezogenen Kugeln wieder zurückzulegen. Die 49 Kugeln sind mit den Zahlen 1 bis 49 beschriftet. Die Reihenfolge der gezogenen Kugeln spielt dabei keine Rolle. Wie groß ist die Wahrscheinlichkeit „6 Richtige" zu tippen?

Lösung:

Das Zahlen-Lotto entspricht einem Ziehen mit einem Griff.
Mit $n = 49$ und $k = 6$ erhält man für die Anzahl Z aller Möglichkeiten:
$Z = \binom{49}{6} = \frac{49!}{6! \cdot 43!} = 13\,983\,816$. Die Gewinnchance für „6-Richtige" ist also $1 : 13\,983\,816 \approx 1 : 14$ Mio. $\approx 0{,}000\,007\,\%$.

Abi Tipp

ANDERES SPIEL – GLEICHE FORMEL

Ein Set aus n Spielkarten enthalte k Karten der Sorte A und $(n - k)$ Karten der Sorte B. Die Zahl der Möglichkeiten, die n Karten in einer Reihe anzuordnen, beträgt dann ebenfalls $\binom{n}{k}$, obwohl die Reihen nach einem ganz anderen Prinzip gebildet werden als beim *„Ziehen mit einem Griff"* aus einer Urne.
$\binom{n}{k}$ wird auch Binomialkoeffizient genannt und spielt bei der Wahrscheinlichkeitsberechnung von Bernoulli-Ketten eine Rolle (→ Seite 139).

Beispiel 6: Sitzverteilung

Eine Kegelgruppe aus 8 Frauen und 12 Männern hat für einen Theaterbesuch eine Reihe mit 20 Plätzen gemietet.

a) Auf wie viele verschiedene Möglichkeiten kann sich die Kegelgruppe auf die Sitzreihe verteilen, wenn man die Personen nur nach ihrem Geschlecht unterscheidet?

b) Wie viele Möglichkeiten gibt es, wenn man die 20 Personen ihrem Namen nach unterscheidet?
(Der Fall, dass zwei Personen den gleichen Namen haben, sei ausgeschlossen.)

Lösung:

a) Es ist $n = 20$ und $k = 8$.
Damit erhält man für die Anzahl der möglichen Sitzverteilungen:
$Z = \binom{20}{8} = \frac{20!}{8! \cdot 12!} = 125970$
(Hinweis: Mit $k = 12$ erhält man das gleiche Ergebnis.)
Eine mögliche Sitzverteilung ist:

F	F	M	F	M	M	M	F	M	M	F	F	M	F	M	M	M	F	M	M

F = Frau; M = Mann

b) Bei der Unterscheidung der 20 Personen nach Namen gibt es $20! \approx 2{,}4 \cdot 10^{18}$ Möglichkeiten.

EREIGNIS UND WAHRSCHEINLICHKEIT — Checkliste

Folgende Fragen sollten Sie nun mühelos beantworten können:

- Was versteht man unter den Begriffen *Ergebnisraum, Ereignis und Ausgang?*
- Welche Bedeutung haben die Ausdrücke $A \cap B$ und $A \cup B$, wenn A und B zwei Ereignisse aus einem Ergebnisraum sind?
- In welchem Wertebereich bewegt sich die Wahrscheinlichkeit eines Ereignisses A?
- Wie hängen die Wahrscheinlichkeiten eines Ereignisses A und seines Gegenereignisses $\overline{A}$ miteinander zusammen?
- Was versteht man unter einem Laplace-Experiment?
- Wie berechnet man die Wahrscheinlichkeit eines Ereignisses A, das bei einem Laplace-Experiment eintritt?
- Was versteht man bei einem mehrmals durchgeführten Zufallsexperiment unter einer *absoluten und einer relativen Häufigkeit* eines Ereignisses und wie hängt die relative Häufigkeit mit der Wahrscheinlichkeit dieses Ereignisses zusammen?
- Was bedeutet die Schreibweise n! (sprich: n Fakultät)?
- Wie viele Möglichkeiten gibt es, aus einer Urne mit n unterschiedlichen Kugeln ein Set aus k Kugeln zu ziehen, wenn man die Reihenfolge berücksichtigt und mit Zurücklegen zieht?
- Wie viele Möglichkeiten gibt es, aus einer Urne mit n unterschiedlichen Kugeln ein Set aus k Kugeln zu ziehen, wenn man die Reihenfolge berücksichtigt und ohne Zurücklegen zieht?
- Wie viele Möglichkeiten gibt es, aus einer Urne mit n unterschiedlichen Kugeln mit einem Griff k Kugeln zu ziehen?

MEHRSTUFIGE ZUFALLSEXPERIMENTE

Baumdiagramme

Zentrale Kenntnisse

- Ein **mehrstufiges Zufallsexperiment** liegt dann vor, wenn man ein Zufallsexperiment k-mal nacheinander durchführt.
  Die k Einzelausgänge fasst man zu einem Set, einem sogenannten **k-Tupel**, zusammen (→ Lösung zu Beispiel 1).
- Mithilfe eines **Baumdiagramms** kann man ein mehrstufiges Zufallsexperiment veranschaulichen (→ Lösung zu Beispiel 1).
  Darin steht jeder Pfad für einen Ausgang des mehrstufigen Zufallsexperiments. Die Knoten eines Pfads werden mit den Einzelausgängen beschriftet. An einen Ast schreibt man die Wahrscheinlichkeit des nächsten Einzelausgangs.
- **1. Pfadregel (Produktregel):** Das Produkt aller Wahrscheinlichkeiten der Äste eines Pfads ist die Wahrscheinlichkeit dieses Pfads bzw. des Ausgangs, der durch diesen Pfad veranschaulicht wird.
- **2. Pfadregel (Summenregel):** Die Summe der Wahrscheinlichkeiten aller Pfade, die zu einem Ereignis A gehören, ergibt die Wahrscheinlichkeit P(A) des Ereignisses A.

Beispiel 1:
Das abgebildete Glücksrad wird dreimal hintereinander gedreht. Dabei notiert man sich die Reihe der drei angezeigten Zahlen.
Veranschaulichen Sie dieses Zufallsexperiment in einem Baumdiagramm.
Wie groß ist die Wahrscheinlichkeit, dass die Summe der erhaltenen Zahlen 12 ist?

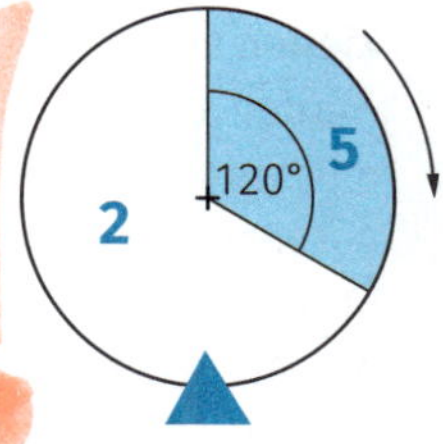

Abi Tipp

GLÜCKSRAD

In einem Glücksrad muss man die Wahrscheinlichkeit eines Segments mit dessen Mittelpunktswinkel berechnen.

Lösung:

Wahrscheinlichkeiten der Einzelausgänge „2“ und „5“:

$P(5) = \frac{120°}{360°} = \frac{1}{3}$ und $P(2) = \frac{2}{3}$

Die Ausgänge mit der Summe 12 sind die drei Ausgänge (bzw. Tripel): (2; 5; 5); (5; 2; 5) und (5; 5; 2).

Mit der Produktregel erhält man:

$P(2; 5; 5) = \frac{2}{3} \cdot \frac{1}{3} \cdot \frac{1}{3} = \frac{2}{27}$;

$P(5; 2; 5) = \frac{1}{3} \cdot \frac{2}{3} \cdot \frac{1}{3} = \frac{2}{27}$;

$P(5; 5; 2) = \frac{1}{3} \cdot \frac{1}{3} \cdot \frac{2}{3} = \frac{2}{27}$.

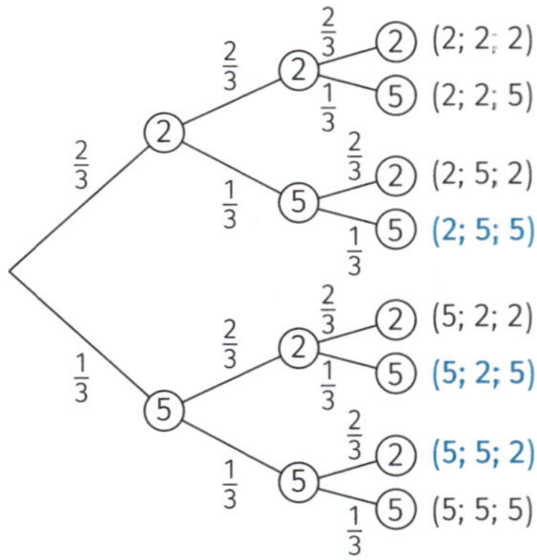

Mit der Summenregel folgt:

P(Summe 12) $= \frac{2}{27} + \frac{2}{27} + \frac{2}{27} = \mathbf{\frac{6}{27}} \approx$ **22,2 %**

Abi Tipp

SUMME = 1

Die Summe aller Wahrscheinlichkeiten, die in einem Baumdiagramm von einem Knoten ausgehen, muss immer 1 sein.
So kann man leicht überprüfen, ob man die Äste mit den richtigen Wahrscheinlichkeiten beschriftet hat.

Baumdiagramme im Urnenmodell

Zentrale Kenntnisse

- Jedes Zufallsexperiment kann auch durch **Ziehen von Kugeln** aus einer Urne simuliert werden. Die Anzahl und die Sorten der Kugeln müssen dabei so gewählt werden, dass die Ausgänge im Urnenmodell die gleichen Wahrscheinlichkeiten haben wie die entsprechenden Ausgänge des Zufallsexperiments. Das obige Beispiel 1 würde im Urnenmodell so aussehen wie in der Abbildung rechts.

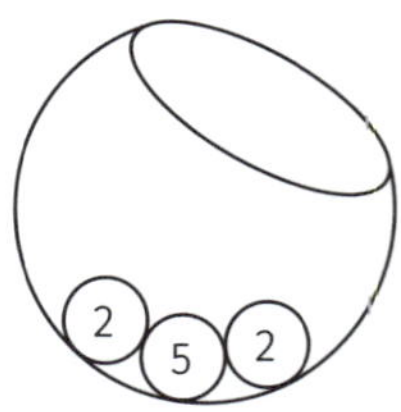

- Es gibt Zufallsexperimente, die durch ein **Ziehen aus einer Urne mit Zurücklegen** einer gezogenen Kugel simuliert werden müssen (→ Beispiel 1). Dabei ändern sich die Wahrscheinlichkeiten der jeweiligen Einzelausgänge nach jedem Zug nicht.

- Es gibt aber auch Zufallsexperimente, die durch ein **Ziehen aus einer Urne ohne Zurücklegen** einer gezogenen Kugel simuliert werden müssen. Dabei ändern sich die Wahrscheinlichkeiten der Einzelausgänge nach jedem Zug (→ Beispiel 2).

Beispiel 2:

Der Hausmeister einer Schule sucht aus einer Gruppe von acht Schülern willkürlich zwei Schüler heraus, die den Müll auf dem Schulhof aufsammeln sollen. Leon und Rafael sind zwei der acht Schüler.

Erstellen Sie mithilfe eines geeigneten Urnenmodells ein Baumdiagramm für dieses Zufallsexperiment.

Wie groß ist die Wahrscheinlichkeit, dass

a) Leon und Rafael die beiden „Müllmänner" sind?

b) Rafael mit einem anderen Schüler als Leon den Müll sammeln muss?

Lösung:

Da nur nach Leon und Rafael gefragt ist, kann man im Urnenmodell eine Kugel mit „L" (für Leon) und eine Kugel mit „R" (für Rafael) beschriften und die anderen sechs Kugeln mit „A" (für anderer Schüler).

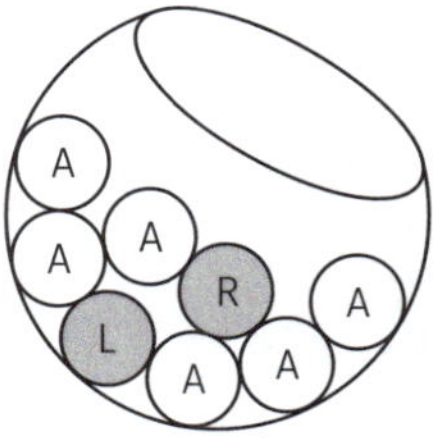

Man beachte beim Beschriften des Baumdiagramms, dass nach dem 1. Zug nur noch 7 Kugeln in der Urne sind und die zuerst gezogene Kugel fehlt *(Ziehen ohne Zurücklegen)*.

Lösung:

Mit den Pfadregeln erhält man:

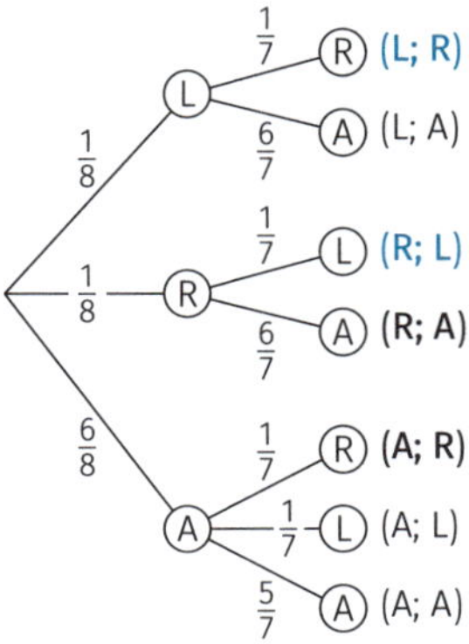

a) P(Leon und Rafael) = P(L; R) + P(R; L)

Es ist $P(L; R) = \frac{1}{8} \cdot \frac{1}{7} = \frac{1}{56}$ und

$P(R; L) = \frac{1}{8} \cdot \frac{1}{7} = \frac{1}{56}$.

Damit folgt:

$\textbf{P(Leon und Rafael)} = \frac{1}{56} + \frac{1}{56} = \frac{2}{56}$

$\approx \mathbf{3{,}6\,\%}$

b) P(Rafael + anderer) = P(R; A) + P(A; R)

Es ist $P(R; A) = \frac{1}{8} \cdot \frac{6}{7} = \frac{6}{56}$ und

$P(A; R) = \frac{6}{8} \cdot \frac{1}{7} = \frac{6}{56}$.

Damit folgt:

$\textbf{P(Rafael + anderer)} = \frac{6}{56} + \frac{6}{56} = \frac{12}{56}$

$\approx \mathbf{21{,}4\,\%}$

Bedingte Wahrscheinlichkeit und stochastische Unabhängigkeit

Zentrale Kenntnisse

- Die **bedingte Wahrscheinlichkeit $P_A(B)$** bezeichnet die Wahrscheinlichkeit, dass ein Ereignis B unter der Voraussetzung eintritt, dass bereits das Ereignis A eingetreten ist.
- Es gilt: $\mathbf{P_A(B) = \frac{P(A \cap B)}{P(A)}}$ ⇔ $\mathbf{P(A) \cdot P_A(B) = P(A \cap B)}$ bzw. $P_A(B) \cdot P(A) = P(A \cap B)$

  (Hinweis: Diese Formel ergibt sich mit der Produktregel im oberen Pfad des Baumdiagramms unten.)
- Zwei Ereignisse A und B sind **stochastisch unabhängig** voneinander, wenn gilt:
  $\mathbf{P_A(B) = P(B)}$ **bzw.** $\mathbf{P(A) \cdot P(B) = P(A \cap B)}$.

BEDINGTE WAHRSCHEINLICHKEITEN IM BAUMDIAGRAMM

- Die bedingten Wahrscheinlichkeiten tauchen in einem Baumdiagramm an den zweiten Ästen auf (→ Abb. rechts).
- Wenn man im abgebildeten Baumdiagramm die ersten Knotenpunkte mit B bzw. $\overline{B}$ beschriftet, lauten die bedingten Wahrscheinlichkeiten auf den zweiten Ästen $P_B(A)$; $P_B(\overline{A})$; $P_{\overline{B}}(A)$ und $P_{\overline{B}}(\overline{A})$.

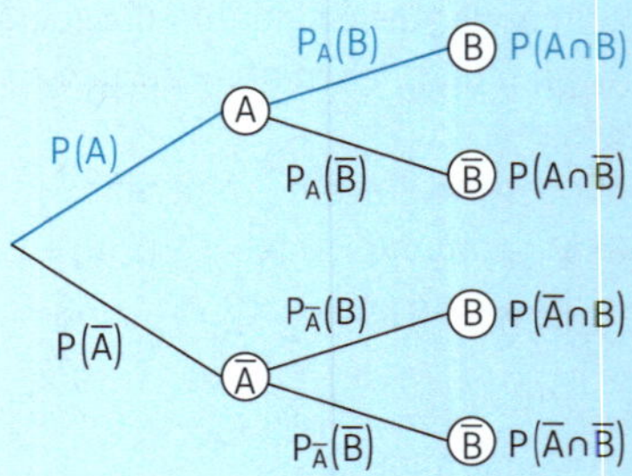

Die Vierfeldertafel für Ausgänge mit zwei Merkmalen

Zentrale Kenntnisse

- Es gibt einstufige Zufallsexperimente, bei denen ein Ausgang durch zwei Merkmale A und B gekennzeichnet ist.
  Die vier möglichen Ausgänge eines solchen einstufigen Zufallsexperiments sind dann $(A; B)$; $(A; \overline{B})$; $(\overline{A}; B)$ und $(\overline{A}; \overline{B})$.
  Dabei bedeutet $(A; B) = (A \cap B)$; $(A; \overline{B}) = (A \cap \overline{B})$ usw.
  Die Wahrscheinlichkeiten dieser Ausgänge können mithilfe einer **Vierfeldertafel** bestimmt werden.
- Der allgemeine Aufbau einer Vierfeldertafel ist:

	A	$\overline{A}$	
B	$P(A \cap B)$	$P(\overline{A} \cap B)$	$P(B)$
$\overline{B}$	$P(A \cap \overline{B})$	$P(\overline{A} \cap \overline{B})$	$P(\overline{B})$
	$P(A)$	$P(\overline{A})$	1

RANDWERTREGEL

Wenn man in einer Vierfeldertafel die beiden Wahrscheinlichkeiten einer Zeile bzw. Spalte addiert, erhält man immer den entsprechenden **Randwert**.
Beispielsweise gilt in obiger Tafel:
$P(A \cap B) + P(\overline{A} \cap B) = \mathbf{P(B)}$ (Zeile „B") und
$P(A \cap B) + P(A \cap \overline{B}) = \mathbf{P(A)}$ (Spalte „A")

Abi Tipp

WAHRSCHEINLICHKEITEN BERECHNEN

Zur Berechnung der Wahrscheinlichkeiten einer Vierfeldertafel geht man folgendermaßen vor:

1. Zunächst trägt man die im Aufgabentext angegebenen Wahrscheinlichkeiten an der richtigen Stelle der Vierfeldertafel ein.
2. Anschließend berechnet man mit der Randwertregel die fehlenden Wahrscheinlichkeiten.

Beispiel 3:

In einer Firma gibt es 60 % männliche und 40 % weibliche Angestellte.
Von den Männern (M) sind 15 % Raucher.
Von den Frauen (F) rauchen nur 5 %.

a) Erstellen Sie eine Vierfeldertafel.
b) Wie viele weibliche Nicht-Raucher gibt es in der Firma, wenn in der Firma 500 Leute arbeiten?

Lösung:

a) Laut Aufgabentext ist $\mathbf{P(M) = 0{,}60}$ und $\mathbf{P(F) = 0{,}40}$. Außerdem sind die bedingten Wahrscheinlichkeiten
$P_M(R)$ *(„Raucher unter der Voraussetzung, dass es sich um einen Mann handelt")* und
$P_F(R)$ *(„Raucher(in) unter der Voraussetzung, dass es sich um eine Frau handelt")* angegeben:
$\mathbf{P_M(R) = 0{,}15}$ und $\mathbf{P_F(R) = 0{,}05}$
Damit können $P(M \cap R) = P_M(R) \cdot P(M)$ und $P(F \cap R) = P_F(R) \cdot P(F)$ berechnet werden (→ Hinweis in Kasten unten).
Man erhält:
$P(M \cap R) = 0{,}15 \cdot 0{,}60 = 0{,}09$ und $P(F \cap R) = 0{,}05 \cdot 0{,}40 = 0{,}02$
Damit ist die unvollständige Vierfeldertafel:

	R	$\overline{R}$	
F	0,02		0,40
$\overline{F} = M$	0,09		0,60
			1

Mit der Regel zur Berechnung der Randwerte folgt:

	R	$\overline{R}$	
F	0,02	**0,38**	0,40
$\overline{F} = M$	0,09	**0,51**	0,60
	0,11	**0,89**	1

b) Der Vierfeldertafel entnimmt man: $P(F \cap \overline{R}) = 0{,}38 = 38\,\%$.
Von den 500 Beschäftigten gibt es also $0{,}38 \cdot 500 =$ **190 Frauen,** die nicht rauchen.

NICHT VERWECHSELN: $P_A(B)$ UND $P(A \cap B)$

Die bedingte Wahrscheinlichkeit $P_A(B)$ darf nicht mit $P(A \cap B)$ verwechselt werden!
Es gilt immer: $P(A \cap B) = P_A(B) \cdot P(A)$ bzw. $P(A \cap B) = P_B(A) \cdot P(B)$.

Abi Tipp

DIE RICHTIGE FORMEL BENUTZEN

Die Wahrscheinlichkeit $P(A \cap B)$ einer Schnittmenge $A \cap B$ kann immer auf zwei Arten berechnet werden. Es gilt:
$P(A \cap B) = P_A(B) \cdot P(A)$ und $P(A \cap B) = P_B(A) \cdot P(B)$

Welche dieser beiden Formeln man jeweils benötigt, hängt davon ab, ob im Aufgabentext die bedingte Wahrscheinlichkeit $P_A(B)$ oder $P_B(A)$ angegeben ist.
So hätte der Aufgabentext von Beispiel 3 auch umgekehrt so formuliert werden können: *„Von den Rauchern sind 18,2 % Frauen."*
Dann wäre die angegebene bedingte Wahrscheinlichkeit $P_R(F) = 0{,}182$ gewesen.

Beispiel 4:
Bei einer Verkehrskontrolle wurden 8 % der Autofahrer beim Telefonieren mit dem Handy erwischt (Ereignis H).
In 15 % aller Kontrollen hatte die Polizei Mängel am Fahrzeug zu beanstanden (Ereignis M).
In 20 % der Kontrollen musste für mindestens eines der beiden Vergehen ein Bußgeld erteilt werden.
Erstellen Sie eine Vierfeldertafel und überprüfen Sie, ob die Ereignisse H und M stochastisch unabhängig voneinander sind.
Lösung:
$P(H) = 0{,}08$; $P(M) = 0{,}15$. Weil es in 80 % (= 100 % – 20 %) der Kontrollen nichts zu beanstanden gab, gilt: $P(\overline{H} \cap \overline{M}) = 0{,}80$
Die entsprechende Vierfeldertafel ist also:

	M	$\overline{M}$	
H	**0,03**	**0,05**	0,08
$\overline{H}$	**0,12**	0,80	**0,92**
	0,15	**0,85**	1

Die fett gedruckten Werte wurden mit der Randwertregel berechnet (→ Seite 131). Zum Beispiel $0{,}85 = 1 - 0{,}15$ oder $0{,}92 = 1 - 0{,}08$.
Wenn die beiden Ereignisse H und M stochastisch unabhängig sind, muss gelten: $P(H) \cdot P(M) = P(H \cap M)$.
Laut Vierfeldertafel gilt:
$P(H) = 0{,}08$; $P(M) = 0{,}15$ und $P(H \cap M) = 0{,}03$.
Wegen $0{,}08 \cdot 0{,}15 = 0{,}012 \neq 0{,}03$ sind die Ereignisse H und M **stochastisch nicht unabhängig** voneinander.

Die totale Wahrscheinlichkeit – der Satz von Bayes

Zentrale Kenntnisse

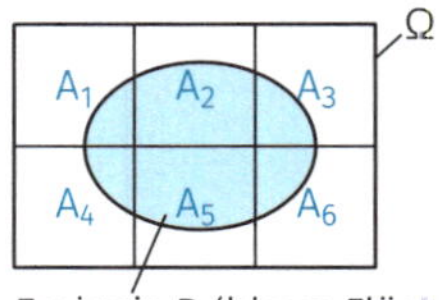

Ereignis B (blaue Fläche)

- **Satz von der totalen Wahrscheinlichkeit:** Wenn sich ein Ereignis B aus mehreren sich gegenseitig ausschließenden Ereignissen $A_1 \cap B$, $A_2 \cap B$, ..., $A_n \cap B$ zusammensetzt, gilt für die Wahrscheinlichkeit des Ereignisses B: $\mathbf{P(B) = P(A_1 \cap B) + P(A_2 \cap B) + ... + P(A_n \cap B)}$

- **Satz von Bayes:** Wenn alle sich gegenseitig ausschließenden Ereignisse $A_1, A_2, ..., A_n$ eines Zufallsexperiments bekannt sind und $A_1, A_2, ..., A_n$ zusammen das sichere Ereignis Ω bilden (→ Abbildung oben), gilt für die bedingte Wahrscheinlichkeit $P_B(A_i)$ mit $1 \le i \le n$:

$$\mathbf{P_B(A_i) = \frac{P(A_i \cap B)}{P(B)} = \frac{P(A_i \cap B)}{P(A_1 \cap B) + P(A_2 \cap B) + ... + P(A_n \cap B)}}$$

In der Abbildung entspricht beispielsweise $P_B(A_3)$ dem Anteil der Fläche des Ereignisses $A_3 \cap B$ an der Fläche des Ereignisses B.

Beispiel 5:

Herr Radler benutzt für seinen Weg zur Arbeit wahlweise das Fahrrad, den Bus oder das Auto. Statistisch gesehen fährt er pro Woche (= 5 Arbeitstage) dreimal mit dem Fahrrad und jeweils einmal mit dem Bus bzw. dem Auto zur Arbeit. Die Wahrscheinlichkeit, dass er mit Verspätung an seiner Arbeitsstelle ankommt, hängt von dem benutzten Verkehrsmittel ab. Die Verspätungswahrscheinlichkeiten sind:
mit Fahrrad (F): 5 %; mit Bus (B): 10 % und mit Auto (A): 30 %.
An einem Montag kommt Herr Radler zu spät zur Arbeit. Mit welcher Wahrscheinlichkeit ist er an diesem Tag mit dem Auto gefahren?

Lösung:

Es sei das Ereignis V: *Herr Radler hat Verspätung*. Gesucht ist die bedingte Wahrscheinlichkeit $P_V(A)$, weil das Ereignis V an dem besagten Montag bereits eingetreten ist. Da sich die drei Ereignisse F, B und A gegenseitig ausschließen, gilt nach dem Satz von Bayes:

$$P_V(A) = \frac{P(A \cap V)}{P(V)} = \frac{P(A \cap V)}{P(F \cap V) + P(B \cap V) + P(A \cap V)}$$

Laut Aufgabentext gilt: $P(A) = \frac{1}{5} = 0{,}20$; $P(F) = \frac{3}{5} = 0{,}60$; $P(B) = \frac{1}{5} = 0{,}20$

Außerdem sind folgende bedingte Wahrscheinlichkeiten angegeben:
$P_A(V) = 0{,}30$; $P_F(V) = 0{,}05$ und $P_B(V) = 0{,}10$. Damit erhält man:
$P(A \cap V) = P_A(V) \cdot P(A) \;\Rightarrow\; P(A \cap V) = 0{,}30 \cdot 0{,}20 = 0{,}06.$
$P(F \cap V) = P_F(V) \cdot P(F) \;\Rightarrow\; P(F \cap V) = 0{,}05 \cdot 0{,}60 = 0{,}03.$
$P(B \cap V) = P_B(V) \cdot P(B) \;\Rightarrow\; P(B \cap V) = 0{,}10 \cdot 0{,}20 = 0{,}02.$
Einsetzen von $P(A \cap V) = 0{,}06$; $P(F \cap V) = 0{,}03$ und $P(B \cap V) = 0{,}02$ in die Formel $P_V(A) = \frac{P(A \cap V)}{P(F \cap V) + P(B \cap V) + P(A \cap V)}$ ergibt:

$$P_V(A) = \frac{0{,}06}{0{,}03 + 0{,}02 + 0{,}06} = \frac{0{,}06}{0{,}11} = \frac{6}{11} \approx 0{,}545 = 54{,}5\,\%$$

Die Wahrscheinlichkeit, dass Herr Radler an diesem Montag das Auto benutzt hat, beträgt also **ca. 54,5 %.**
(Hinweis: $P(V) = 0{,}03 + 0{,}02 + 0{,}06 = 0{,}11$ ist die totale Wahrscheinlichkeit, dass Herr Radler überhaupt Verspätung hat.)

Abi Tipp

WIE MAN ERKENNT, DASS MAN DEN SATZ VON BAYES BENÖTIGT

Wenn in einer Aufgabenstellung von Ereignissen die Rede ist, die sich gegenseitig ausschließen und zusammen das sichere Ereignis bilden, kann man ziemlich sicher sein, dass man den Satz von Bayes anwenden muss. In Beispiel 5 sind solche Ereignisse die Benutzung der Verkehrsmittel Fahrrad, Bus und Auto.

MEHRSTUFIGE ZUFALLSEXPERIMENTE — Checkliste

Folgende Fragen sollten Sie nun mühelos beantworten können:

- → Wie kann man ein mehrstufiges Zufallsexperiment mit einem Baumdiagramm veranschaulichen?
- → Wie lauten die beiden Pfadregeln zur Berechnung der Wahrscheinlichkeiten von Ausgängen mehrstufiger Zufallsexperimente?
- → Welchen Unterschied macht es, ob man im Urnenmodell ein mehrstufiges Zufallsexperiment *mit* oder *ohne* Zurücklegen einer gezogenen Kugel durchführt?
- → Was bedeutet der Begriff „*bedingte Wahrscheinlichkeit* $P_A(B)$“ und wie kann man damit die Wahrscheinlichkeit $P(A \cap B)$ berechnen?
- → Wie prüft man, ob zwei Ereignisse A und B stochastisch unabhängig voneinander sind?
- → Wann benötigt man eine Vierfeldertafel, um die Wahrscheinlichkeit des Ausgangs eines Zufallsexperiments zu bestimmen? Wie geht man dabei vor?
- → Woran erkennt man, wann man den Satz von Bayes benötigt?

21 ZUFALLSGRÖSSEN, WAHRSCHEINLICHKEITSVERTEILUNG

Definitionen

Zentrale Kenntnisse

- Eine Funktion X, die jedem Ereignis eines Zufallsexperiments eine reelle Zahl zuordnet, wird **Zufallsgröße X** oder **Zufallsvariable X** genannt. Üblicherweise verwendet man für Zufallsgrößen Großbuchstaben am Ende des Alphabets (z. B. X, Y und Z).
- Zu jedem Wert x_i einer Zufallsgröße X kann man die Wahrscheinlichkeit $\mathbf{P(X = x_i)}$ berechnen. Die Funktion $P: x_i \rightarrow P(X = x_i)$ nennt man **Wahrscheinlichkeitsverteilung** oder Wahrscheinlichkeitsfunktion.

Beispiel 1:
Das abgebildete Glücksrad wird zweimal gedreht. Die Zufallsgröße X gibt die Summe der beiden angezeigten Zahlen an.

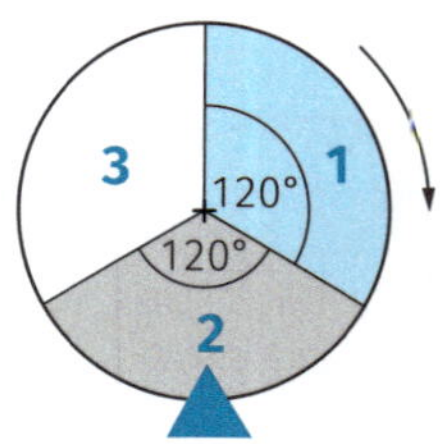

a) Welche Werte kann die Zufallsgröße X bei diesem Zufallsexperiment annehmen?
b) Bestimmen Sie die Wahrscheinlichkeitsverteilung von X und stellen Sie diese grafisch in einem Histogramm (Säulendiagramm) dar.

Lösung:

a) Jedem Ereignis dieses Zufallsexperiments wird die Summe der beiden angezeigten Zahlen zugeordnet. Zum Beispiel $(1; 3) \rightarrow 4$.
Die möglichen Werte für X sind also $X = 2; 3; 4; 5; 6$.
b) Zuerst muss man bestimmen, aus welchen Ausgängen die jeweiligen Ereignisse bestehen.
Anschließend kann man mit den beiden Pfadregeln die Wahrscheinlichkeit $P(X = x_i)$ berechnen (→ Seite 127).

Ereignisse	$X = x_i$	$P(X = x_i)$
{(1; 1)}	$X = 2$	$P(X = 2) = \frac{1}{9}$
{(1; 2); (2; 1)}	$X = 3$	$P(X = 3) = \frac{2}{9}$
{(1; 3); (3; 1); (2; 2)}	$X = 4$	$P(X = 4) = \frac{3}{9}$
{(2; 3); (3; 2)}	$X = 5$	$P(X = 5) = \frac{2}{9}$
{(3; 3)}	$X = 6$	$P(X = 6) = \frac{1}{9}$

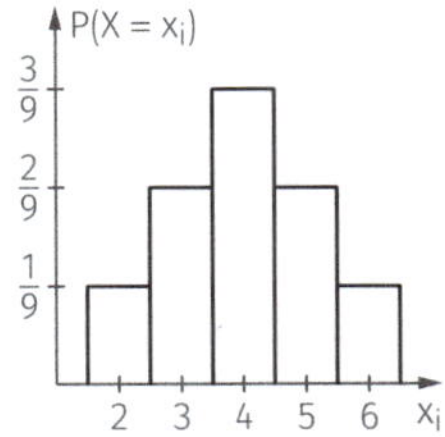

Histogramm

Abi Tipp

DIE SUMME IST IMMER 1

Die Summe aller n Wahrscheinlichkeiten einer Wahrscheinlichkeitsverteilung muss immer 1 ergeben: $\sum_{i=1}^{n} P(X = x_i) = 1$.
Damit kann man überprüfen, ob man die Werte $P(X = x_i)$ richtig berechnet hat.

Erwartungswert, Varianz, Standardabweichung (allgemein)

Zentrale Kenntnisse

- Sind $x_1, x_2, \ldots, x_n$ alle Werte einer Zufallsgröße X, nennt man den Wert $\mu = E(X) = \sum_{i=1}^{n} x_i \cdot P(X = x_i)$ den **Erwartungswert von X.**
- Die **Varianz** von X ist $\mathbf{Var(X) = \sum_{i=1}^{n} (x_i - E(X))^2 \cdot P(X = x_i)}$.
- Die **Standardabweichung** von X ist $\mathbf{\sigma(X) = \sqrt{Var(X)}}$.

Beispiel 2:
Marie und Paul haben an einer Wurfbude mit fünf Dosen ihre Trefferwahrscheinlichkeiten getestet und folgende Wahrscheinlichkeitsverteilungen ermittelt. Die Zufallsgrößen X und Y geben die Anzahl der umgefallenen Dosen pro Wurf an.
Marie:

$X = x_i$	0	1	2	3	4	5
$P(X = x_i)$	7 %	16 %	32 %	27 %	11 %	7 %

Paul:

$Y = y_i$	0	1	2	3	4	5
$P(Y = y_i)$	1 %	11 %	49 %	28 %	8 %	3 %

Berechnen Sie jeweils den Erwartungswert, die Varianz und die Standardabweichung. Vergleichen Sie die Werte von Marie und Paul miteinander.

Lösung:

Marie:

$\mathbf{E(X)} = 0 \cdot 0{,}07 + 1 \cdot 0{,}16 + 2 \cdot 0{,}32 + 3 \cdot 0{,}27 + 4 \cdot 0{,}11 + 5 \cdot 0{,}07 = \mathbf{2{,}4}$

$$\begin{aligned}\mathbf{Var(X)} &= (0 - \mathbf{2{,}4})^2 \cdot 0{,}07 + (1 - \mathbf{2{,}4})^2 \cdot 0{,}16 + (2 - \mathbf{2{,}4})^2 \cdot 0{,}32 \\ &\quad + (3 - \mathbf{2{,}4})^2 \cdot 0{,}27 + (4 - \mathbf{2{,}4})^2 \cdot 0{,}11 + (5 - \mathbf{2{,}4})^2 \cdot 0{,}07 \\ &= \mathbf{1{,}62}\end{aligned}$$

$\Rightarrow \ \boldsymbol{\sigma}\mathbf{(X)} = \sqrt{1{,}62} \approx \mathbf{1{,}27}$

Paul:

$\mathbf{E(Y)} = 0 \cdot 0{,}01 + 1 \cdot 0{,}11 + 2 \cdot 0{,}49 + 3 \cdot 0{,}28 + 4 \cdot 0{,}08 + 5 \cdot 0{,}03 = \mathbf{2{,}4}$

$\mathbf{Var(Y)} = (0 - \mathbf{2{,}4})^2 \cdot 0{,}01 + \ldots + (5 - \mathbf{2{,}4})^2 \cdot 0{,}03 \approx \mathbf{0{,}86}$

$\Rightarrow \ \boldsymbol{\sigma}\mathbf{(Y)} = \sqrt{0{,}86} \approx \mathbf{0{,}93}$

Paul und Marie haben zwar den gleichen Erwartungswert, allerdings streut Maries Trefferzahl wegen $Var(X) > Var(Y)$ deutlich stärker um den Erwartungswert. Paul wirft also mit einer größeren Konstanz.

Abi Tipp

FAIRE GLÜCKSSPIELE?

Ein Glücksspiel ist nur dann fair, wenn der Erwartungswert des Betrags, der an einen Spieler ausgezahlt wird, genauso groß ist wie der jeweilige Spieleinsatz. Kommerzielle Lotterien, Sportwetten oder auch das Roulette-Spiel sind daher nie fair!

Beispiel 3:

Zwei Glücksräder sind jeweils in sechs gleich große Felder unterteilt. Gegen einen Einsatz von 1,50 € darf ein Spieler die Räder einmal in Drehung versetzen. Sie laufen dann unabhängig voneinander aus und bleiben so stehen, dass von jedem Rad genau ein Feld im Rahmen sichtbar ist. Bei zwei gleichen Symbolen werden folgende Beträge ausgezahlt: Würfel–Würfel: 5,00 €; Hufeisen–Hufeisen: 2,00 €; Kleeblatt–Kleeblatt: 1,00 €. In allen anderen Fällen („Sonstige") wird nichts ausgezahlt. Überprüfen Sie, ob das Spiel fair ist.

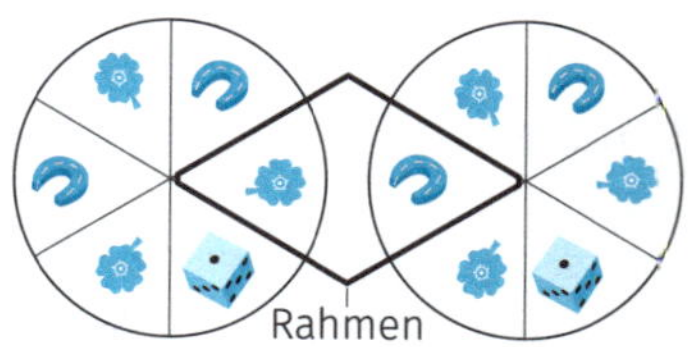

Lösung:
Die Wahrscheinlichkeiten der drei Ausgänge, bei denen eine Auszahlung fällig ist, können mit der 1. Pfadregel berechnet werden (W = Würfel; H = Hufeisen; K = Kleeblatt):

$P(W; W) = \frac{1}{6} \cdot \frac{1}{6} = \frac{1}{36}$; $P(H; H) = \frac{2}{6} \cdot \frac{2}{6} = \frac{4}{36}$; $P(K; K) = \frac{3}{6} \cdot \frac{3}{6} = \frac{9}{36}$.

Für das Gegenereignis *„Sonstige"* gilt: $P(\text{Sonst.}) = 1 - \left(\frac{1}{36} + \frac{4}{36} + \frac{9}{36}\right) = \frac{22}{36}$

Damit folgt für den Erwartungswert des auszuzahlenden Betrags:

$\mathbf{E} = (5{,}00\,€) \cdot \frac{1}{36} + (2{,}00\,€) \cdot \frac{4}{36} + (1{,}00\,€) \cdot \frac{9}{36} + (0\,€) \cdot \frac{22}{36} = \mathbf{0{,}61\,€}$

Weil der Spieleinsatz aber 1,50 € beträgt, ist das Spiel **nicht fair.**

Binomialverteilte Zufallsgrößen und die Bernoulli-Kette

Zentrale Kenntnisse

- Ein Zufallsexperiment mit nur zwei möglichen Ausgängen *„Erfolg"* und *„Misserfolg"* heißt **Bernoulli-Experiment.** Wenn die Wahrscheinlichkeit für den Ausgang *„Erfolg"* mit p bezeichnet wird, dann gilt für die Wahrscheinlichkeit q des Ausgangs *„Misserfolg"*: $q = 1 - p$.
- Wird ein Bernoulli-Experiment n-mal unabhängig voneinander bei gleichbleibenden Wahrscheinlichkeiten p und $q = 1 - p$ durchgeführt, spricht man von einer **Bernoulli-Kette der Länge n.**
- Eine **binomialverteilte Zufallsgröße X** gibt an, wie oft einer der beiden Ausgänge *„Erfolg"* bzw. *„Misserfolg"* bei einem n-maligen Bernoulli-Experiment eintritt.
- Für die **Wahrscheinlichkeit $P(X = k)$,** dass der Ausgang *„Erfolg"* bei einem n-maligen Bernoulli-Experiment k-mal eintritt, gilt (mit p = Wahrscheinlichkeit für *„Erfolg"*):
  $\mathbf{P(X = k) = \binom{n}{k} \cdot p^k \cdot (1 - p)^{n-k}}$;
  darin wird $\binom{n}{k} = \frac{n!}{k! \cdot (n-k)!}$ als **Binomialkoeffizient** bezeichnet.
- **Alternative Schreibweise:** Statt $P(X = k)$ wird oft auch die Schreibweise $\mathbf{B_{n;p}(k)}$ verwendet. Es gilt also: $\mathbf{B_{n;p}(k) = P(X = k)}$
- Im **Urnenmodell** entspricht ein n-maliges Bernoulli-Experiment einem n-maligen **Ziehen mit Zurücklegen,** wobei sich in der Urne nur zwei verschiedene Sorten Kugeln befinden.

- Für den Erwartungswert einer binomialverteilten Zufallsgröße X gilt:
  $\mathbf{\mu = E(X) = n \cdot p.}$
  (Diese Formel ist ein Spezialfall der allgemeinen Formel für Erwartungswerte auf Seite 137.)
- Die **Varianz** einer binomialverteilten Zufallsgröße X ist:
  $\mathbf{Var(X) = n \cdot p \cdot (1 - p)}$
- Die **Standardabweichung** einer binomialverteilten Zufallsgröße X ist $\mathbf{\sigma = \sqrt{n \cdot p \cdot (1 - p)}}$.
- Der **Erwartungswert E(X)** einer binomialverteilter Zufallsgröße X ist immer derjenige Wert k_{max}, für den die Wahrscheinlichkeit $P(X = k)$ am größten wird. Es gilt: $\mathbf{E(X) = k_{max}}$.

Beispiel 4:
Ein Mathe-Lehrer geht davon aus, dass jeder Schüler bzw. jede Schülerin bei einer Klassenarbeit mit einer Wahrscheinlichkeit von 8 % vergisst, den Namen auf das Arbeitsblatt zu schreiben.
Wie groß ist dieser Annahme zufolge die Wahrscheinlichkeit, dass in einer 25-köpfigen Schulklasse genau zwei anonyme Arbeitsblätter abgegeben werden?

Lösung:
Es ist $n = 25$; $k = 2$ und $p = 0{,}08$.
Die Zufallsgröße X stehe für die Anzahl der Arbeitsblätter ohne Namen.
Gesucht ist die Wahrscheinlichkeit $P(X = 2)$.
Die Zufallsgröße X ist binomialverteilt, weil es nur zwei mögliche Ausgänge gibt *(„mit Namen“* oder *„ohne Namen“)* und weil $p = 0{,}08$ der Annahme des Lehrers zufolge bei jeder Schülerin und jedem Schüler konstant ist.
Man erhält:
$P(X = 2) = \binom{25}{2} \cdot 0{,}08^2 \cdot 0{,}92^{23} \approx 0{,}282 = \mathbf{28{,}2\,\%}$

Abi Tipp

DEN ERWARTUNGSWERT CLEVER BESTIMMEN

$E(X) = k_{max}$ bedeutet, dass man den Erwartungswert einer binomialverteilten Zufallsgröße X in einem Histogramm oder einer Verteilungstabelle am **Maximum von P(X = k)** ablesen kann (→ Beispiel 5).

Beispiel 5:
Ein Glücksrad hat die beiden Sektoren Blau: 60 % und Weiß: 40 %.
Das Glücksrad wird n-mal gedreht.
Die Zufallsgröße Y gibt an, wie oft dabei die Farbe Blau angezeigt wird.
Bestimmen Sie mithilfe der Verteilungstabelle, wie oft das Glücksrad gedreht wurde.

k	28	29	30	31	32	33	34	...
P(Y = k)	0,096	0,109	0,115	0,111	0,099	0,081	0,061	...

Lösung:
Das Maximum von $P(Y = k)$ liegt bei $k_{max} = 30$
$\Rightarrow$ Erwartungswert $E(Y) = 30$.
Einsetzen von $p = 0{,}60$ und $E(Y) = 30$ in die Formel $E(Y) = n \cdot p$ ergibt:
$30 = n \cdot 0{,}60 \Leftrightarrow n = 50$
Das Glücksrad wurde also **50-mal** gedreht.

Kumulierte Wahrscheinlichkeiten binomialverteilter Zufallsgrößen

Zentrale Kenntnisse

- **Kumulierte Wahrscheinlichkeiten** sind Ausdrücke wie $P(X \leq k)$ oder $P(k_1 \leq x \leq k_2)$.
  Sie geben an, mit welcher Wahrscheinlichkeit der Wert einer Zufallsgröße in ein bestimmtes Intervall fällt.
  Im Fall einer binomialverteilten Zufallsgröße X gilt:
  $\mathbf{P(X \leq k) = P(X = 0) + P(X = 1) + \ldots + P(X = k).}$
- **Alternative Schreibweise:** Statt $P(X \leq k)$ wird bei binomialverteilten Zufallsgrößen oft auch die Schreibweise $\mathbf{F_{n;\,p}(k)}$ verwendet.
  Es gilt also: $\mathbf{F_{n;\,p}(k) = P(X \leq k)}$
- **Zusammenhänge** zwischen kumulierten Wahrscheinlichkeiten:
  $P(X < k) = P(X \leq k - 1)$
  $P(X > k) = 1 - P(X \leq k)$
  $P(k_1 \leq X \leq k_2) = P(X \leq k_2) - P(X \leq k_1 - 1)$
  $P(X \geq k) = 1 - P(X \leq k - 1)$
  Diese Zusammenhänge kann man sich leicht an einem Zahlenstrahl veranschaulichen.

- Für die Wahrscheinlichkeit $P(0 \leq X \leq n)$ der Zufallsgröße X in einer Bernoulli-Kette der Länge n gilt: $\mathbf{P(0 \leq X \leq n) = 1}$

- **Sigma-Regeln:** Für jede Zufallsgröße X mit der Standardabweichung σ gilt mit dem Erwartungswert $\mu = E(x)$:
  $P(\mu - \sigma \leq X \leq \mu + \sigma) \approx 68\,\%$ (1σ-Regel)
  $P(\mu - 2\sigma \leq X \leq \mu + 2\sigma) \approx 95{,}5\,\%$ (2σ-Regel)
  $P(\mu - 3\sigma \leq X \leq \mu + 3\sigma) \approx 99{,}7\,\%$ (3σ-Regel)
  Diese Regeln gelten auch für normalverteilte Zufallsgrößen (→ Seite 146). Gute Näherungen werden bei $\sigma > 3$ erzielt.

TYPISCHE FORMULIERUNGEN

Charakteristische Formulierungen in Aufgaben und die entsprechenden Ungleichungen sind mit $X =$ Anzahl des Ausgangs *„Erfolg"*:

Formulierung	Ungleichung für X
maximal/höchstens k *Erfolge*	$X \leq k$
mindestens k *Erfolge*	$X \geq k$
weniger als k *Erfolge*	$X < k$ bzw. $X \leq k - 1$
mehr als k *Erfolge*	$X > k$
mindestens k_1, aber höchstens k_2 *Erfolge*	$k_1 \leq X \leq k_2$

Abi Tipp

GTR BEHERRSCHEN!

Finden Sie heraus, wie Sie mit Ihrem GTR/CAS kumulierte Wahrscheinlichkeiten binomialverteilter Zufallsgrößen wie $P(X \leq k)$ berechnen können und merken Sie sich diese Tastenfolge. Dies ist für viele Prüfungsaufgaben extrem wichtig!

Beispiel 6:

Ein Biathlet muss bei einem Wettkampf insgesamt 20 Schüsse abgeben. Aus Erfahrung weiß er, dass er eine Zielscheibe mit einer Treffsicherheit von 90 % trifft. Pro Fehlschuss muss er eine Strafrunde laufen.

a) Mit welcher Wahrscheinlichkeit muss der Biathlet maximal 3 Strafrunden laufen?

b) Mit welcher Wahrscheinlichkeit trifft der Biathlet mehr als 15 mal?

Lösung:

a) Die Zufallsgröße X stehe für die Anzahl der Strafrunden bzw. Fehlschüsse. Die Wahrscheinlichkeit für einen Fehlschuss bzw. eine Strafrunde ist 10 % (= 100 % – 90 %). Gesucht ist also $P(X \leq 3)$.
Mit $n = 20$ und $p = 0{,}10$ erhält man: $P(X \leq 3) \approx 0{,}867 =$ **86,7 %**

b) Die Zufallsgröße Y stehe für die Anzahl der Treffer.
Die Wahrscheinlichkeit für einen Treffer ist $p = 0{,}90$.
Gesucht ist $P(Y > 15) = P(Y \geq 16) = 1 - P(Y \leq 15)$.
Man erhält: $P(Y \leq 15) \approx 0{,}043 \Rightarrow P(Y > 15) \approx 0{,}957 =$ **95,7 %**

Abi Tipp

GTR-TIPP

Es gibt Aufgaben, bei denen $P(X \leq k)$ bzw. $P(X \geq k)$ im Aufgabentext vorgegeben ist und die **Länge n** der Bernoulli-Kette bzw. die **Wahrscheinlichkeit p** eines einzelnen Ausgangs gesucht sind.
Zur Lösung solcher Aufgaben muss man mit dem GTR/CAS solange n bzw. p variieren, bis man die vorgegebenen Werte von $P(X \leq k)$ bzw. $P(X \geq k)$ erhält (→ Beispiel 7).

Beispiel 7:

Wie groß müsste die Trefferwahrscheinlichkeit p eines Biathleten mindestens sein, damit er von 20 Schüssen mit einer Wahrscheinlichkeit von mindestens 95 % mindestens 18 mal trifft?
Geben Sie p in ganzen Prozent an.

Lösung:

Die Zufallsgröße X gebe die Zahl der Treffer an. Laut Aufgabentext soll dann gelten: $P(X \geq 18) \geq 0{,}95$. Bekannt ist $n = 20$. Gesucht ist der kleinste Wert von p, für den diese Ungleichung erfüllt ist.

Durch Ausprobieren mit dem GTR/CAS erhält man die nebenstehenden Werte.
Die Trefferwahrscheinlichkeit des Biathleten muss also mindestens **96 %** betragen.

Wahrscheinlichkeit p	P (X ≥ 18)
0,90	67,7 %
0,95	92,5 %
0,98	99,3 %
0,96	95,6 %

Näherungsweise Berechnung kumulierter Wahrscheinlichkeiten (LK)

Zentrale Kenntnisse

- Das Histogramm einer Binomialverteilung kann gut durch eine **Glockenkurve** $\varphi_{\mu,\sigma}$ (→ Abbildung rechts) angenähert werden, wenn die **Laplace-Bedingung** $\boldsymbol{\sigma = \sqrt{n \cdot p \cdot (1-p)} > 3}$ erfüllt ist.
  Es ist $\varphi_{\mu,\sigma}(x) = \frac{1}{\sigma\sqrt{2\pi}} \cdot e^{-\frac{(x-\mu)^2}{2\sigma^2}}$.

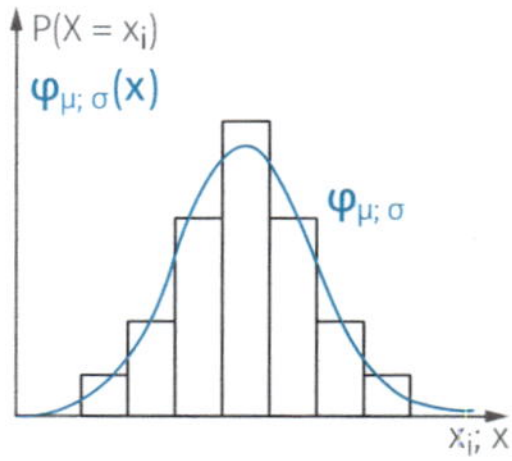

- **Satz von Moivre-Laplace:**
  Wenn eine Zufallsgröße X binomialverteilt ist mit dem Erwartungswert μ und der Standardabweichung $\sigma > 3$, kann die kumulierte Wahrscheinlichkeit $P(k_1 \le X \le k_2)$ durch Integration der Glockenfunktion $\varphi_{\mu,\sigma}$ angenähert werden (→ Kasten auf nächster Seite).
  Es gilt: $\mathbf{P(k_1 \le X \le k_2) = \int_{k_1-0,5}^{k_2+0,5} \varphi_{\mu,\sigma}(x)\,dx = \Phi\left(\frac{k_2-\mu+0,5}{\sigma}\right) - \Phi\left(\frac{k_1-\mu-0,5}{\sigma}\right)}$

- Die **Funktion ϕ** wird **Gauß'sche Integralfunktion** genannt (→ auch Seite 76).
  Ihre **Funktionswerte ϕ(x)** können mit dem GTR/CAS bestimmt oder in speziellen Wertetabellen nachgeschlagen werden.
  Die Anpassung der Integrationsgrenzen um „+ 0,5" bzw. „– 0,5" nennt man **Stetigkeitskorrektur.**

- **Der Nutzen des Satzes von Moivre-Laplace:**
  Die näherungsweise Berechnung von $P(k_1 \le X \le k_2)$ wird dann benötigt, wenn der Wert für n (= Länge einer Bernoulli-Kette) so groß ist, dass die Rechenleistung eines Computers überschritten wird (→ Beispiel 8).

Abi Tipp

WAHRSCHEINLICHKEITEN NÄHERUNGSWEISE BERECHNEN

Zur näherungsweisen Berechnung von $P(a \leq X \leq b)$ einer binomialverteilten Zufallsgröße X geht man so vor:

1. Zuerst berechnet man μ und σ mit $\mu = n \cdot p$ und $\sigma = \sqrt{n \cdot p \cdot (1 - p)}$.
2. Dann berechnet man die Werte $\frac{b - \mu + 0{,}5}{\sigma}$ und $\frac{a - \mu - 0{,}5}{\sigma}$.
3. Schließlich bestimmt man mit dem GTR/CAS die Werte $\phi\left(\frac{b - \mu + 0{,}5}{\sigma}\right)$ und $\phi\left(\frac{a - \mu - 0{,}5}{\sigma}\right)$ und bildet deren Differenz.

GRUNDÜBERLEGUNG DES SATZES VON MOIVRE-LAPLACE

Weil eine binomialverteilte Zufallsgröße X nur natürliche Zahlen annehmen kann, hat jedes Rechteck des Histogramms der zugehörigen Wahrscheinlichkeitsverteilung die Breite 1 LE.
Mit der Rechteckhöhe $h_i = P(X = x_i)$ gilt für den Flächeninhalt des i-ten Rechtecks: $A_i = P(X = x_i) \cdot 1$.
Die kumulierte Wahrscheinlichkeit $P(k_1 \leq X \leq k_2) \cdot 1$ gibt somit den Flächeninhalt aller Rechtecke des Histogramms im Intervall $[k_1; k_2]$ an.
Dieser Flächeninhalt kann durch den Flächeninhalt zwischen einer **Glockenkurve** und der x-Achse im Intervall $[k_1; k_2]$ angenähert werden (→ Flächenberechnung mit Integralen, Seite 73).

Beispiel 8:
Ein Handy-Hersteller rechnet damit, dass 2 % seiner ausgelieferten Handys innerhalb der Garantiedauer einen Defekt aufweisen werden.
Wie groß ist die Wahrscheinlichkeit, dass von 10 000 verkauften Handys maximal 170 Handys innerhalb der Garantiedauer zurückgegeben werden?

Lösung:
Die Zufallsgröße X gebe die Zahl der zurückgegebenen Handys an.
Es ist $\mu = 0{,}02 \cdot 10\,000 = 200$ und $\sigma = \sqrt{10\,000 \cdot 0{,}02 \cdot 0{,}98} = 14$.
Mit der Näherungsformel von Moivre-Laplace erhält man:

$$P(X \leq 170) = P(0 \leq X \leq 170) \approx \phi\left(\frac{170 - 200 + 0{,}5}{14}\right) - \phi\left(\frac{0 - 200 - 0{,}5}{14}\right)$$
$$\approx \phi(-2{,}11) - \phi(-14{,}3)$$
$$\approx 0{,}0174 - 0 = \mathbf{1{,}74\,\%}$$

Die gesuchte Wahrscheinlichkeit beträgt 1,74 %.

Stetige Zufallsgrößen und die Normalverteilung (LK)

Zentrale Kenntnisse

- **Stetige Zufallsgrößen** können im Gegensatz zu binomialverteilten Zufallsgrößen unendlich viele reelle Werte annehmen (→ Beispiel 9). Bei einer stetigen Zufallsgröße X kann man daher nur die Wahrscheinlichkeit berechnen, mit der die Werte von X in einem bestimmten Intervall [a; b] liegen.
- Eine stetige **Zufallsgröße X** wird als **normalverteilt** (mit dem Erwartungswert μ und der Standardabweichung σ) bezeichnet, wenn man die **Wahrscheinlichkeit $P(a \le X \le b)$** durch Integration einer Glockenfunktion $\varphi_{\mu,\sigma}$ berechnen kann. Es gilt:

$$\mathbf{P(a \le X \le b) = \int_a^b \varphi_{\mu,\sigma}(x)\,dx = \int_{\frac{a-\mu}{\sigma}}^{\frac{b-\mu}{\sigma}} \varphi_{0,1}(x)\,dx = \phi\left(\frac{b-\mu}{\sigma}\right) - \phi\left(\frac{a-\mu}{\sigma}\right).}$$

- ϕ ist die **Gauß'sche Integralfunktion** mit $\phi(x) = \int_{-\infty}^{x} \varphi_{0,1}(t)\,dt$.

  Ihre Werte $\phi(x)$ kann man mit dem GTR/CAS bestimmen.
- $\varphi_{0,1}$ ist die **Standardglockenfunktion.** Jedes Integral von $\varphi_{\mu,\sigma}$ kann durch ein Integral der Standardglockenfunktion $\varphi_{0,1}$ berechnet werden (→ oben).
- **Grafische Bedeutung:** $P(a \le X \le b)$ ist der Inhalt der Fläche, die der Graph einer Glockenfunktion $\varphi_{\mu,\sigma}$ im Intervall [a; b] mit der x-Achse einschließt (→ Seite 73).

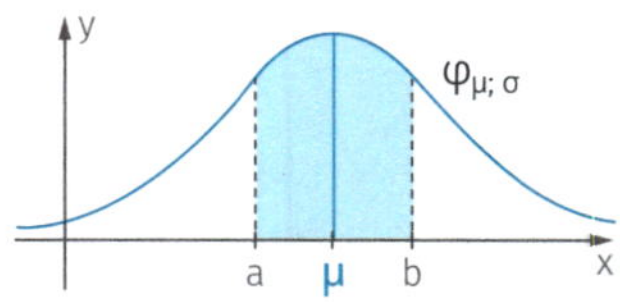

Graph einer Glockenfunktion

- In vielen Aufgaben muss man die **Standardabweichung σ** zuerst **mithilfe der Sigma-Regeln** (→ Seite 142) bestimmen (→ Beispiel 9).

Beispiel 9:
Ein Obstbauer erntet Äpfel, die ein durchschnittliches Gewicht von 240 g haben. 68 % seiner Äpfel haben ein Gewicht zwischen 140 g und 340 g. Aus Erfahrung weiß er, dass er auf dem Markt nur Äpfel mit mehr als 80 g verkaufen kann. Wie viel Prozent der Äpfel sind unverkäuflich, wenn man von einer Normalverteilung des Apfelgewichts ausgeht?

Lösung:

Es ist $\boldsymbol{\mu = 240\,g}$. Wegen der 1σ-Regel gilt: $[140; 340] = [240 - \sigma; 240 + \sigma]$ (→ Seite 142) $\Rightarrow$ $\boldsymbol{\sigma = 100\,g}$. Damit erhält man für $P(0 \leq X \leq 80)$:

$$P(0 \leq X \leq 80) = \phi\left(\frac{80 - 240}{100}\right) - \phi\left(\frac{0 - 240}{100}\right) = \phi(-1{,}6) - \phi(-2{,}4) \approx 0{,}0466$$

Ca. **4,7 %** der Äpfel können nicht auf dem Markt verkauft werden.

Abi Tipp

NORMALVERTEILUNGEN IN DER PRAXIS

Stetige, **normalverteilte Zufallsgrößen** kommen **in der Praxis** immer dann vor, wenn Messwerte um einen Mittelwert (= Erwartungswert μ) schwanken und die positiven und negativen Abweichungen vom Mittelwert gleich wahrscheinlich sind. Solche Zufallsgrößen sind z. B. Körpergröße bzw. Gewicht von Menschen, Maße von industriell hergestellten Werkstücken oder wiederholte Messwerte eines physikalischen Experiments.

ZUFALLSGRÖSSEN, WAHRSCHEINLICHKEITSVERTEILUNG
Checkliste

Folgende Fragen sollten Sie nun mühelos beantworten können:

- → Was versteht man unter einer Zufallsgröße und einer Wahrscheinlichkeitsverteilung?
- → Wie berechnet man den Erwartungswert und die Standardabweichung einer Zufallsgröße anhand einer vollständigen Verteilungstabelle?
- → Was versteht man unter einem Bernoulli-Experiment und einer Bernoulli-Kette?
- → Wann ist eine Zufallsgröße binomialverteilt?
- → Mit welchen Formeln berechnet man den Erwartungswert und die Standardabweichung einer *binomial*verteilten Zufallsgröße?
- → Wie kann man den Erwartungswert einer *binomial*verteilten Zufallsgröße anhand einer Verteilungstabelle bzw. eines Histogramms ohne Rechnung bestimmen?
- → Was sind kumulierte Wahrscheinlichkeiten und wie kann man sie im Fall *binomial*verteilter Zufallsgrößen mit dem GTR/CAS berechnen?
- → In welchen Fällen benötigt man den Satz von Moivre-Laplace?
- → Wo kommen in der Praxis *normal*verteilte Zufallsgrößen vor?
- → Wie berechnet man mithilfe der Verteilungsfunktion ϕ kumulierte Wahrscheinlichkeiten von *normal*verteilten Zufallsgrößen?

22 TESTEN VON HYPOTHESEN

Grundlegende Begriffe

Zentrale Kenntnisse

- Eine Hypothese (=Vermutung) bezüglich einer Wahrscheinlichkeit wird **Nullhypothese H_0** genannt.
- Um eine Nullhypothese zu überprüfen, bestimmt man mittels einer **Stichprobe** einen **Wert der Zufallsgröße**. Dieser Wert entscheidet dann darüber, ob die Nullhypothese bestätigt bzw. verworfen wird.
- Beim Überprüfen einer Nullhypothese können zwei Fehler auftreten:
Fehler 1. Art: Man verwirft die Nullhypothese, obwohl sie richtig ist.
Fehler 2. Art: Man bestätigt die Nullhypothese, obwohl sie falsch ist.
- Mit dem **Signifikanzniveau α** wird die Wahrscheinlichkeit für einen Fehler 1. Art begrenzt. Übliche α-Werte sind: 10 %; 5 % oder 1 %.
- Zum **Aufstellen einer Entscheidungsregel** muss man das Intervall des Ablehnungsbereichs von H_0 solange mit dem GTR/CAS variieren, bis für die Wahrscheinlichkeit P(A) des Ablehnungsbereichs gilt:
$P(A) \leq$ Signifikanzniveau α (→ Beispiel 2 auf Seite 150).

Einseitige Tests

Zentrale Kenntnisse

- Bei **rechtsseitigen Tests** wird die Nullhypothese H_0 bei **großen Werten** der Zufallsgröße widerlegt (Abb. 1); bei **linksseitigen Tests** wird sie bei **kleinen Werten** der Zufallsgröße widerlegt (Abb. 2).

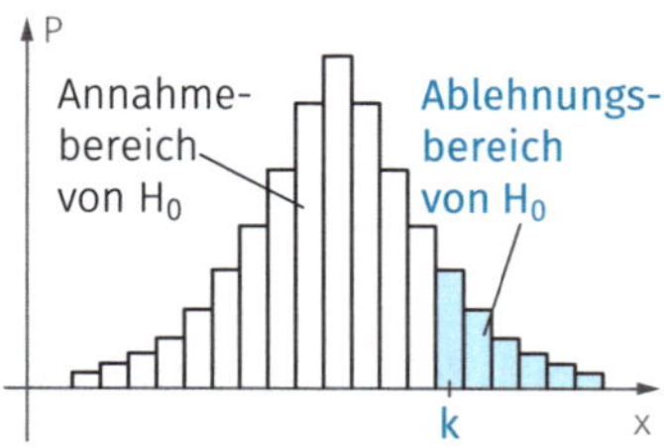

Abb. 1: rechtsseitiger Test

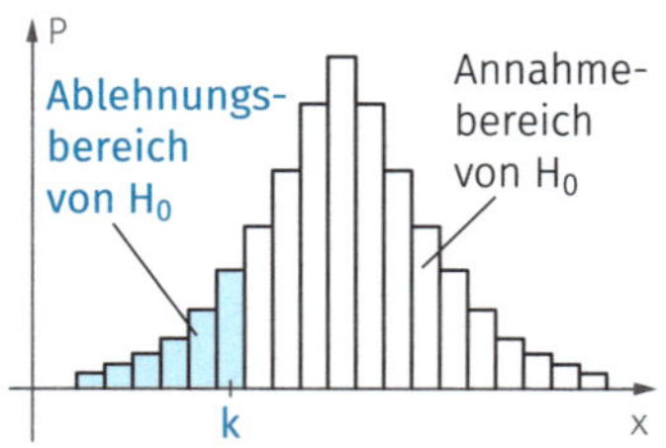

Abb. 2: linksseitiger Test

- Kennt man den kritischen Wert k zwischen dem Annahme- und Ablehnungsbereich von H_0, gilt für die **Wahrscheinlichkeit des Ablehnungsbereichs**
  bei rechtsseitigen Tests: $P(X \geq k)$;
  bei linksseitigen Tests: $P(X \leq k)$.
  (X = Zufallsgröße)

Abi Tipp

FORMULIERUNGEN DES AUFGABENTEXTES

- Man erkennt einen rechtsseitigen bzw. linksseitigen Test häufig schon an der Formulierung der Nullhypothese:
  Wenn in der Nullhypothese H_0 von einer prozentualen **Obergrenze** die Rede ist („*höchstens p %*“), handelt es sich um einen **rechtsseitigen** Test.
  Wenn in der Nullhypothese H_0 von einer prozentualen **Untergrenze** die Rede ist („*mindestens p %*“), handelt es sich um einen **linksseitigen** Test.
- Die Formulierung „*auf einem Signifikanzniveau von q % ...*“ bedeutet, dass die Ungleichung $\mathbf{P(X \geq k) \leq q\,\%}$ (rechtsseitiger Test) bzw. $\mathbf{P(X \leq k) \leq q\,\%}$ (linksseitiger Test) erfüllt sein soll.
- Es ist bei der Bearbeitung der Aufgaben hilfreich, in einem skizzierten Histogramm den Ablehnungsbereich zu markieren (siehe Abb. 1 und 2 auf → Seite 148).

VORGEHENSWEISE ZUR LÖSUNG DER AUFGABEN

1. Zuerst muss man sich klar machen, was die Nullhypothese H_0 ist und wofür die Zufallsgröße X steht.
2. Anschließend überlegt man sich, ob H_0 bei großen oder kleinen Werten der Zufallsgröße widerlegt wird (rechts- oder linksseitiger Test) und ob ein kritischer Wert k im Aufgabentext angegeben ist.
3. Wenn der k-Wert bekannt ist, prüft man mit dem Signifikanzniveau α, ob die Ungleichung $P(X \geq k) \leq \alpha$ bzw. $P(X \leq k) \leq \alpha$ erfüllt ist (→ Beispiel 1).
   Wenn k unbekannt ist und eine Entscheidungsregel aufgestellt werden soll, muss der k-Wert so gewählt werden, dass die Ungleichung $P(X \geq k) \leq \alpha$ bzw. $P(X \leq k) \leq \alpha$ erfüllt ist (→ Beispiel 2).

Beispiel 1:
Ein Obsthändler behauptet, dass maximal 8 % seiner Äpfel faul sind. Bei einer Stichprobe mit 200 Äpfeln wurden 24 faule Äpfel gefunden. Kann man der Hypothese H_0 des Obsthändlers auf einem Signifikanzniveau von 5 % vertrauen?
(Die Zufallsgröße werde als binomialverteilt angenommen.)

Lösung:
H_0 wird bei großen Werten von X (= Anzahl der faulen Äpfel) verworfen. Es handelt sich also um einen rechtsseitigen Test. H_0 wird verworfen, wenn gilt: $P(X \geq 24) \leq 0{,}05$; mit den Parametern $n = 200$; $p = 0{,}08$.
Damit erhält man: $P(X \geq 24) = 1 - P(X \leq 23) \approx 0{,}031 \leq 0{,}05$. Der Wert der Stichprobe $(X = 24)$ liegt also im Ablehnungsbereich.
Die Hypothese des Obsthändlers muss verworfen werden.

ERLAUBTE NÄHERUNG BEI QUALITÄTSKONTROLLEN

Bei **Qualitätskontrollen von Produkten** wie in Beispiel 1 ist die Zufallsgröße streng genommen *nicht binomialverteilt*, weil sich durch die Entnahme eines Gegenstands aus der Gesamtheit die Wahrscheinlichkeit ändert (→ Ziehen ohne Zurücklegen, Seite 129).
Bei einer sehr großen Anzahl der Gesamtheit kann diese Änderung allerdings vernachlässigt werden.
In den Abituraufgaben dürfen Sie daher immer näherungsweise von einer Binomialverteilung ausgehen, außer es ist etwas anderes vermerkt. (So wurde in Beispiel 1 stillschweigend vorausgesetzt, dass die 200 Äpfel einer sehr großen Menge an Äpfeln entnommen wurden.)

Beispiel 2: Aufstellen einer Entscheidungsregel
Ein Pharmaunternehmen bringt ein neues Medikament auf den Markt und behauptet, dass bei mindestens 75 % der Patienten keine Nebenwirkungen auftreten. Dazu wird ein Test an 500 Patienten auf einem Signifikanzniveau von 10 % durchgeführt.
Formulieren Sie eine Entscheidungsregel, wenn die Behauptung des Pharmaunternehmens als Nullhypothese verwendet wird.

Lösung:
Die Hypothese H_0 wird bei kleinen Werten von X (= Anzahl der Patienten *ohne* Nebenwirkung) verworfen ⇒ linksseitiger Test.
H_0 wird also verworfen, wenn gilt: $P(X \leq k) \leq 0{,}10$.
Gesucht ist der maximale Wert von k, für den diese Ungleichung noch erfüllt ist. Die Zufallsgröße X ist binomialverteilt mit den Parametern $n = 500$ und $p = 0{,}75$.

Durch Ausprobieren mit dem GTR/CAS erhält man:

k	P(X ≤ k)
360	6,8 %
365	16,3 %
362	**9,9 %**
363	11,8 %

Der maximale Wert des Ablehnungbereichs ist $k_{max} = 362$.
Es gilt: **P (X ≤ 362) ≤ 0,10**
Die Entscheidungsregel lautet also: Wenn bei der Stichprobe die Zahl der Patienten ohne Nebenwirkung **unter 363** liegt, wird die Behauptung der Pharmafirma verworfen.

Zweiseitige Tests

Zentrale Kenntnisse

- Bei **zweiseitigen Tests** wird die Nullhypothese H_0 dann widerlegt, wenn man bei der Stichprobe entweder einen großen *oder* einen kleinen Wert für die Zufallsgröße erhält. Der Annahmebereich liegt zwischen den kritischen Werten k_1 und k_2 im Intervall $[k_1; k_2]$.

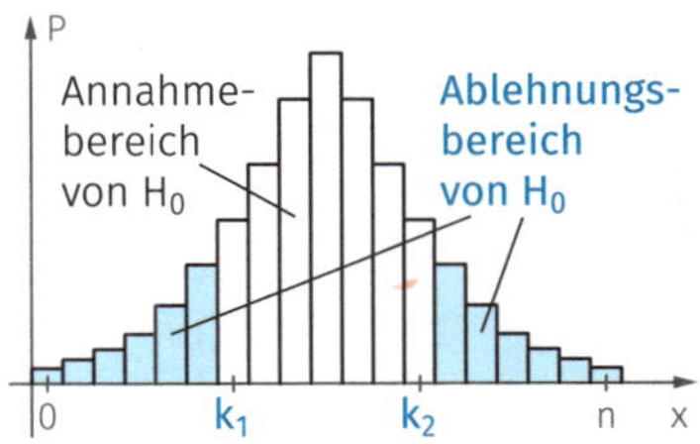

Abb. 3: zweiseitiger Test

  Der Ablehnungsbereich besteht bei binomialverteilten Zufallsgrößen aus den Intervallen $[0; k_1 - 1]$ und $[k_2 + 1; n]$ (→ Abb. 3).

- Zweiseitige Tests liegen immer dann vor, wenn in der Nullhypothese H_0 eine **exakte Wahrscheinlichkeit p_0** behauptet wird (→ Beispiel 3).

- Zur Bestimmung der **kritischen Werte k_1 und k_2** benötigt man neben dem vorgegebenen Signifikanzniveau α immer den Erwartungswert μ, die Standardabweichung σ und folgende σ-Regeln:
  Bei $\alpha = 10\,\%$: $P(\mu - 1{,}64\sigma \le X \le \mu + 1{,}64\sigma) \approx 90\,\%$
  Bei $\alpha = 5\,\%$: $P(\mu - 1{,}96\sigma \le X \le \mu + 1{,}96\sigma) \approx 95\,\%$
  Bei $\alpha = 1\,\%$: $P(\mu - 2{,}58\sigma \le X \le \mu + 2{,}58\sigma) \approx 99\,\%$
  Den Erwartungswert $\mu = E(x)$ und die Standardabweichung α kann man bei binomialverteilten Zustandsgrößen mit den Formeln $\mu = E(x) = n \cdot p$ und $\sigma = \sqrt{n \cdot p \cdot (1 - p)}$ berechnen (→ Seite 140).

Abi Tipp

ANNAHMEBEREICH MIT SIGMAREGELN FINDEN

Bei zweiseitigen Tests muss man das **Intervall des Annahmebereichs** immer mithilfe der obigen **σ-Regeln** bestimmen (→ Beispiel 3).

Beispiel 3:
Der Veranstalter einer Tombola wirbt mit der Behauptung: *„Jedes dritte Los gewinnt."* Ein Beobachter stellt fest, dass von 120 gezogenen Losen nur 32 Gewinnlose waren.
Prüfen Sie, ob die Behauptung des Veranstalters widerlegt wird, wenn man ein Signifikanzniveau von 5 % zugrundelegt.

Lösung:
Die Nullhypothese ist $H_0\colon p_0 = \frac{1}{3}$.
Die Zufallsgröße X stehe für die Anzahl der gezogenen Gewinnlose und sei binomialverteilt mit den Parametern $n = 120$ und $p = p_0 = \frac{1}{3}$.
Damit folgt: $\mu = 40$ und $\sigma = \sqrt{120 \cdot \frac{1}{3} \cdot \frac{2}{3}} \approx 5{,}16$.
Mit der σ-Regel für $\alpha = 5\,\%$ erhält man als Annahmebereich:
$[(40 - 1{,}96 \cdot 5{,}16);\ (40 + 1{,}96 \cdot 5{,}16)] \approx \mathbf{[29{,}9;\ 50{,}1]}$.
Das Ergebnis der Stichprobe $(X = 32)$ liegt noch im Annahmebereich.
Die Behauptung des Veranstalters muss nicht verworfen werden.

TESTEN VON HYPOTHESEN — Checkliste

Folgende Fragen sollten Sie nun mühelos beantworten können:

- → Woran erkennt man, ob man einen einseitigen oder einen zweiseitigen Test durchführen soll?
- → Woran erkennt man, ob man eine Nullhypothese mit einem rechtsseitigen oder einem linksseitigen Test überprüfen muss?
- → Was versteht man unter einem Fehler 1. Art bzw. 2. Art?
- → Welche Bedeutung hat ein Signifikanzniveau?
- → Wie geht man vor, um bei einem einseitigen Test eine Entscheidungsregel aufzustellen?
- → Wie bestimmt man bei einem zweiseitigen Test den Annahmebereich einer Nullhypothese?

STOCHASTISCHE PROZESSE

Prozessdiagramme und Zustandsänderungen

Zentrale Kenntnisse

- Es gibt Systeme, die verschiedene Zustände annehmen können und in bestimmten Zeitabständen mit konstanten Wahrscheinlichkeiten zwischen diesen Zuständen wechseln können. Solche Vorgänge werden **stochastische Prozesse** oder auch **Markoff-Ketten** genannt.
- Von **Austauschprozessen** spricht man, wenn in einem System Objekte vorkommen, die zwischen den Zuständen eines Systems hin und her wechseln können (→ Beispiel 2).
- Die Wahrscheinlichkeit für den Übergang eines Zustands in einen anderen wird als **Übergangswahrscheinlichkeit** bezeichnet.
- Stochastische Prozesse werden in **Prozessdiagrammen** veranschaulicht. Die Übergangswahrscheinlichkeiten zwischen den einzelnen Zuständen schreibt man auf die entsprechenden Pfeile (→ Beispiel 1). Die Summe der Wahrscheinlichkeiten auf den Pfeilen, die von einem Zustand ausgehen (inklusive rekursive Pfeile), muss immer 1 sein.
- Wenn in einem System ein Zustand vorkommt, den das System nicht mehr verlassen kann, wenn es ihn einmal eingenommen hat, spricht man von einem **absorbierenden Zustand** (→ Beispiel 2).

Beispiel 1:
Bei einem Spiel wird ein idealer Würfel mit dem Netz in Abb. 1 benutzt. Ein Spieler darf auf dem Spielfeld (Abb. 2) seine Figur um die geworfene Augenzahl im Uhrzeigersinn vorziehen.

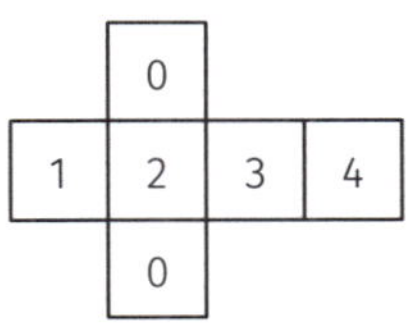

Abb. 1

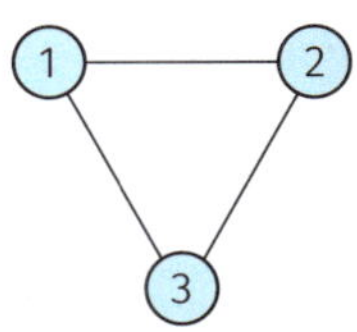

Abb. 2

Der Start ist das Feld 1. Die Nummer eines Feldes, auf das die Figur nach einem Wurf vorzieht, wird jeweils addiert. Sieger ist, wer nach vier Würfen die höchste Nummernsumme erzielt. Erstellen Sie ein Prozessdiagramm und beschriften Sie es mit Wahrscheinlichkeiten.

Lösung:

Vom Feld 1 aus gelangt man mit den Augenzahlen „0“ oder „3“ wieder auf Feld 1 $\Rightarrow p = \frac{3}{6} = 0{,}5$.

Auf Feld 2 gelangt man vom Feld 1 aus mit den Augenzahlen „1“ oder „4“ $\Rightarrow p = \frac{2}{6}$.

Entsprechend erhält man alle anderen Wahrscheinlichkeiten.

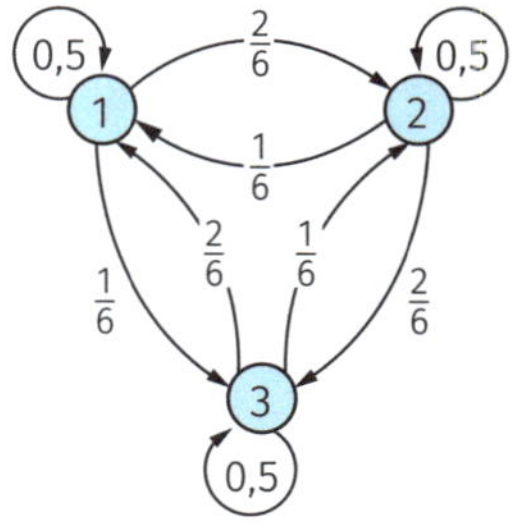

Beispiel 2:

Auf einem Schulfest gibt es in einem Klassenzimmer einen Getränkestand (G) und einen Stand mit Crepes (C).
Das Klassenzimmer kann nur durch die Tür (T) betreten werden und muss durch den separaten Ausgang (A) in den Außenbereich verlassen werden.

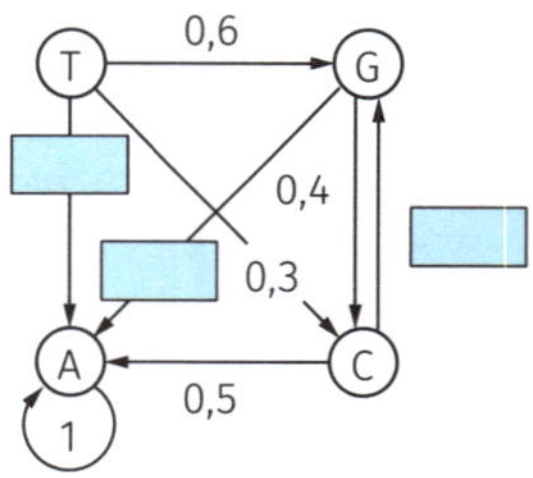

a) Ergänzen Sie das Prozessdiagramm mit den richtigen Wahrscheinlichkeiten. Wie groß ist demnach die Wahrscheinlichkeit, dass jemand den Raum betritt, ohne etwas zu kaufen?

b) Wie viele von 100 Personen besuchen genau einmal sowohl den Getränkestand als auch den Crepes-Stand?

Lösung:

a) Die Summe der Wahrscheinlichkeiten auf den Pfeilen, die von einem Zustand ausgehen, muss jeweils 1 ergeben (→ Abb. rechts).
Die Wahrscheinlichkeit, dass eine Person den Raum wieder verlässt, ohne etwas zu kaufen, ist die Übergangswahrscheinlichkeit vom Zustand „T“ zum Zustand „A“; also **0,1 = 10 %**.

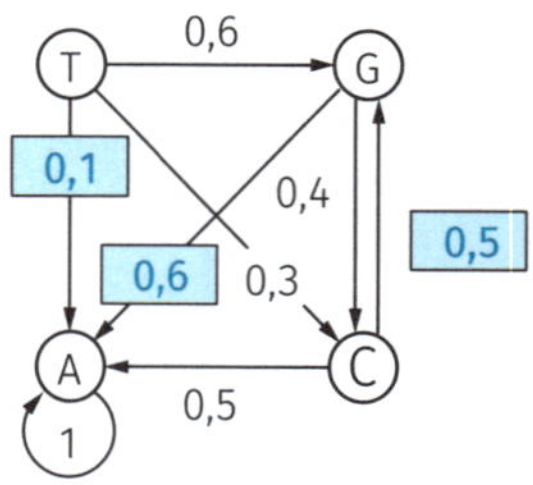

b) Es ist $P(C; G) = 0{,}3 \cdot 0{,}5 = 0{,}15$ und $P(G; C) = 0{,}6 \cdot 0{,}4 = 0{,}24$.
$\Rightarrow$ P(beide Stände) $= 0{,}15 + 0{,}24 = 0{,}39 = 39\,\%$.
Die gesuchte Personenzahl ist also **39 Personen** ($= 0{,}39 \cdot 100$ Personen).

Berechnung stochastischer Prozesse

Zentrale Kenntnisse

- Die **Zustandsverteilung** eines Systems wird mit den Koordinaten eines **Zustandsvektors** beschrieben: Die Wahrscheinlichkeit von Zustand 1 zu einem bestimmten Beobachtungszeitpunkt ist die erste Koordinate des Zustandvektors, die Wahrscheinlichkeit von Zustand 2 zum selben Beobachtungszeitpunkt ist die zweite Koordinate usw.
- Die Wahrscheinlichkeit a_{ik} für den Übergang des Zustands k in den Zustand i schreibt man in die k-te Spalte und i-te Zeile einer **Übergangsmatrix.** Indem man die Übergangsmatrix mit einem Zustandsvektor multipliziert (→ siehe unten), erhält man die Zustandsverteilung des Systems zum nächsten Beobachtungszeitpunkt.
- Einen **absorbierenden Zustand** erkennt man im Prozessdiagramm daran, dass er mit der Wahrscheinlichkeit $p = 1$ in sich selbst überführt wird.

Beispiel 3:
Erstellen Sie für das Prozessdiagramm aus Beispiel 2 die zugehörige Übergangsmatrix.
Lösung:
Es sei „T" = Zustand 1; „G" = Zustand 2; „C" = Zustand 3.
Der Zustand 4 = „A" bedeutet, dass eine Person den Raum durch den Ausgang verlassen hat. Mit den Übergangswahrscheinlichkeiten des Prozessdiagramms aus Beispiel 2 erhält man die Übergangsmatrix:

$$U = \begin{pmatrix} 0 & 0 & 0 & 0 \\ 0{,}6 & 0 & 0{,}5 & 0 \\ 0{,}3 & 0{,}4 & 0 & 0 \\ 0{,}1 & 0{,}6 & 0{,}5 & 1 \end{pmatrix}$$

MATRIX-VEKTOR-MULTIPLIKATION – STOCHASTISCHE MATRIX

Ist U eine quadratische $(n \times n)$ Matrix mit n Spalten und n Zeilen und besteht der Vektor $\vec{v}$ aus n Koordinaten, dann gilt für das Produkt $U \cdot \vec{v}$:

$$\begin{pmatrix} a_{11} & a_{12} & \dots & a_{1n} \\ a_{21} & a_{22} & \dots & a_{2n} \\ & & \vdots & \\ a_{n1} & a_{n2} & \dots & a_{nn} \end{pmatrix} \cdot \begin{pmatrix} v_1 \\ v_2 \\ \vdots \\ v_n \end{pmatrix} = \begin{pmatrix} a_{11} \cdot v_1 + a_{12} \cdot v_2 + \dots + a_{1n} \cdot v_n \\ a_{21} \cdot v_1 + a_{22} \cdot v_2 + \dots + a_{2n} \cdot v_n \\ \vdots \\ a_{n1} \cdot v_1 + a_{n2} \cdot v_2 + \dots + a_{nn} \cdot v_n \end{pmatrix}$$

In **stochastischen Matrizen** gilt für jeden Eintrag a_{ik}: $0 \le a_{ik} \le 1$ und die Summe der Einträge einer Spalte ergibt immer 1.

Beispiel 4: Fortsetzung von Beispiel 3

Die ursprüngliche Zustandsverteilung wird durch den Vektor $\overrightarrow{v_0} = \begin{pmatrix} 1 \\ 0 \\ 0 \\ 0 \end{pmatrix}$ beschrieben. D. h.: Eine Person betritt den Raum.

a) Bestimmen Sie mithilfe des GTR/CAS und der Übergangsmatrix U (→ oben) die Zustandsverteilung zum ersten Beobachtungszeitpunkt. Was bedeutet diese Zustandsverteilung anschaulich?

b) Wie groß ist die Wahrscheinlichkeit, dass sich eine Person zum zweiten Beobachtungszeitpunkt am Getränkestand (G) befindet.

Lösung:

a) Man erhält: $\overrightarrow{v_1} = \begin{pmatrix} 0 & 0 & 0 & 0 \\ 0,6 & 0 & 0,5 & 0 \\ 0,3 & 0,4 & 0 & 0 \\ 0,1 & 0,6 & 0,5 & 1 \end{pmatrix} \cdot \begin{pmatrix} 1 \\ 0 \\ 0 \\ 0 \end{pmatrix} = \begin{pmatrix} 0 \\ 0,6 \\ 0,3 \\ 0,1 \end{pmatrix}$.

Die Wahrscheinlichkeit, dass eine Person, die den Raum betritt, zum ersten Beobachtungszeitpunkt

- am Getränkestand (Zustand 2) ist, beträgt $0,6 =$ **60 %**,
- am Crepes-Stand (Zustand 3) ist, beträgt $0,3 =$ **30 %**,
- durch den Ausgang gegangen ist (Zustand 4), beträgt $0,1 =$ **10 %**.

b) Zum zweiten Beobachtungszeitpunkt ist die Zustandsverteilung:

$$\overrightarrow{v_2} = \begin{pmatrix} 0 & 0 & 0 & 0 \\ 0,6 & 0 & 0,5 & 0 \\ 0,3 & 0,4 & 0 & 0 \\ 0,1 & 0,6 & 0,5 & 1 \end{pmatrix} \cdot \begin{pmatrix} 0 \\ 0,6 \\ 0,3 \\ 0,1 \end{pmatrix} = \begin{pmatrix} 0 \\ 0,15 \\ 0,24 \\ 0,61 \end{pmatrix} \Rightarrow P(G) = 0,15 = \mathbf{15\,\%}$$

STABILE, LANGFRISTIGE ZUSTÄNDE

Wenn sich nach k Beobachtungszeitpunkten die Zustandverteilung nicht mehr ändert, gilt für den Vektor $\vec{v} = U^k \cdot \overrightarrow{v_0}$ im darauf folgenden, (k + 1)-ten Beobachtungszeitpunkt: $U \cdot \vec{v} = \vec{v}$.
Das bedeutet, dass sich langfristig eine stabile Zustandverteilung einstellt. Man nennt den Vektor $\vec{v}$ einen **Fixvektor**, der die langfristige Zustandsverteilung angibt. Die Matrix $G = U^k$ wird als **Grenzmatrix** bezeichnet. Gute Näherungen der Grenzmatrix G erhält man mit dem GTR/CAS oft bereits für $k \geq 20$.

Beispiel 5:

a) Stellen Sie für das Prozessdiagramm aus Beispiel 1 (siehe rechts) eine Übergangsmatrix auf und untersuchen Sie, ob es eine stabile, langfristige Zustandsverteilung gibt.

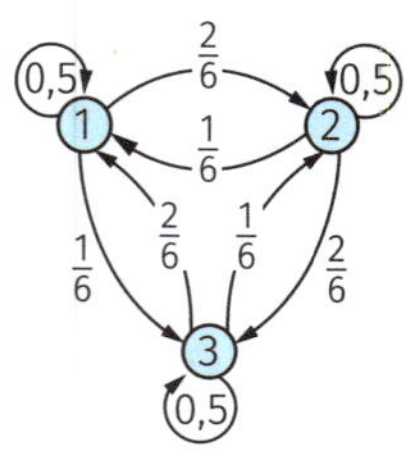

b) Nach wie vielen Würfen liegt die Wahrscheinlichkeit, dass sich das System im Zustand 3 (= Spielfigur auf Feld 3) befindet, erstmalig über 30 %? Testen Sie, ob diese Wahrscheinlichkeit bei den nachfolgenden Würfen ebenfalls über 30 % bleibt.
Zu Beginn befindet sich das System im Zustand 1 (= Spielfigur auf Feld 1).

Lösung:

a) Es ist: $U = \begin{pmatrix} 0{,}5 & \frac{1}{6} & \frac{2}{6} \\ \frac{2}{6} & 0{,}5 & \frac{1}{6} \\ \frac{1}{6} & \frac{2}{6} & 0{,}5 \end{pmatrix}$.

Für den Zustandsvektor nach beispielsweise 20 Würfen gilt:

$\overrightarrow{v_{20}} = U^{20} \cdot \begin{pmatrix} 1 \\ 0 \\ 0 \end{pmatrix} = \begin{pmatrix} \frac{1}{3} \\ \frac{1}{3} \\ \frac{1}{3} \end{pmatrix}$. Wegen $U \cdot \begin{pmatrix} \frac{1}{3} \\ \frac{1}{3} \\ \frac{1}{3} \end{pmatrix} = \begin{pmatrix} \frac{1}{3} \\ \frac{1}{3} \\ \frac{1}{3} \end{pmatrix}$ ist $\overrightarrow{v_{20}} = \begin{pmatrix} \frac{1}{3} \\ \frac{1}{3} \\ \frac{1}{3} \end{pmatrix}$ ein Fixvektor.

Es gibt also eine stabile, langfristige Zustandsverteilung.

b) Wenn die Wahrscheinlichkeit für Zustand 3 größer als 30 % sein soll, muss die dritte Koordinate des Zustandsvektors größer als 0,30 sein. Durch Ausprobieren mit dem GTR/CAS erhält man:

$\overrightarrow{v_2} = U^2 \cdot \begin{pmatrix} 1 \\ 0 \\ 0 \end{pmatrix} \approx \begin{pmatrix} 0{,}36 \\ 0{,}36 \\ 0{,}28 \end{pmatrix}$ und $\overrightarrow{v_3} = U^3 \cdot \begin{pmatrix} 1 \\ 0 \\ 0 \end{pmatrix} \approx \begin{pmatrix} 0{,}33 \\ 0{,}35 \\ 0{,}32 \end{pmatrix}$

Nach dem dritten Wurf liegt die Wahrscheinlichkeit für Zustand 3 über 30 %. Auch bei den Vektoren $\overrightarrow{v_k}$ mit $k \geq 3$ ist die dritte Koordinate größer als 0,30. Die Wahrscheinlichkeit des Zustands 3 bleibt also nach dem dritten Wurf über 30 %. (Hinweis: Es gibt aber auch Systeme, in denen die Wahrscheinlichkeiten einzelner Zustände im Verlauf einer Beobachtung einmal zu- und dann wieder abnehmen.)

STOCHASTISCHE PROZESSE — Checkliste

Folgende Fragen sollten Sie nun mühelos beantworten können:

- → Wie stellt man für stochastische Prozesse ein Prozessdiagramm auf?
- → Wie erstellt man anhand eines Prozessdiagramms die zugehörige Übergangsmatrix?
- → Wie berechnet man aus einer Anfangsverteilung die Zustandsverteilung eines Systems zu späteren Beobachtungszeitpunkten?
- → Wann hat ein System einen absorbierenden Zustand?
- → Wie prüft man, ob ein System eine stabile, langfristige Zustandsverteilung hat?

STICHWORTVERZEICHNIS

H

I

K

L

M

N

O

P

Q